人生开窍手册
EUREKA HANDBOOK

开窍心理学

破除78个人性盲点的关键效应

张 弛◎编著

中国商业出版社

图书在版编目（CIP）数据

开窍心理学：破除78个人性盲点的关键效应 / 张弛编著.—北京：中国商业出版社，2014.10

ISBN 978-7-5044-8764-3

Ⅰ.①开… Ⅱ.①张… Ⅲ.① 心理学—通俗读物 Ⅳ.① B84-49

中国版本图书馆CIP数据核字（2014）第239959号

责任编辑：朱丽丽

中国商业出版社出版发行

010-63180647 www.c-cbook.com

（100053 北京广安门内报国寺1号）

新华书店总店北京发行所经销

北京市京东印刷厂印刷

*

710×1000毫米 16开 14印张 221千字

2015年4月第1版 2015年4月第1次印刷

定价：32.00元

* * * *

（如有印装质量问题可更换）

前言 preface

很多时候，我们会莫名其妙：想象着本来是这样的，可现实偏偏是那样的。我们找不到“是这样”或“是那这样”的原因，更没有人给出答案。于是，在很多事情上，我们找不到成功的规律，也找不到失败的定律——这让很多人感觉到茫然：身边的很多事充满诡异色彩。

为什么很多顺理成章的事却不能如愿转变成现实?

为什么很多经过严密论证的计划不能如愿变成具体的结果?

为什么很多精明强干的人力资源组合不能形成有效的合力?

……

这几乎是让所有人感到迷惑的问题。答案是：我们没有认识人性的盲点。其实，我们对生活中的很多现象和结果充满茫然，是因为我们对其认识不足——对自己、对事物，存在认识的误差，从而让我们对现实误判——这就是人性的盲点。与其说人性的盲点是对世界的认识出现了问题，还不如说是我们的心理有问题。生活中，我们有着太多的视而不见或者考虑不周，有着太多的心理盲点或者心理误区，这些“盲点”往往是让我们犯下一系列错误的认知和行为的元凶。所以，导致了本来是“这样的”，却出乎意料是“那样的”。

不可否认，有些道理可能不具有普遍性，但它在某件事上一定是有用的，并且用其他道理是解决不了的——这就是人性盲点的魅力所在。

人性盲点有着两面性，如果了解不够，我们可能就会深受其害；如果能充分了解并运用它，那么，它将让我们的人生受益。

比如，“首因效应”提醒人们：人会根据第一次见面时的印象去审视、评判你，因此来决定你在他心里的位置。如没有意识到这点，那么，你的人际关系往往会遭遇“首因效应”而不顺，如意识到这点，并学会利用“首因效应”，就能帮你将人际关系做得更好。“囚徒效应”提醒人们：合作是建立在绝对信任的基础上，不然会输得更惨。“过桥抽板”告诉我们在做一件不能够轻易实现的事情时，最好把自己的退路切断，让自己无路可退。

……

人性的盲区最简单，却是人们最容易忽视的，而它又是一件事的关键点——而这关键点又恰恰取决于一个人对事物的简单认识。所以，很多秘密只和我们隔着一层窗户纸，一捅就破，一用就灵，最后让我们恍然大悟。

本书将心理学变得浅显易懂，除了了解人类心理与行为的盲点，又兼收鼓舞励志的效果；将心理学效应广泛应用于生活和工作中，可读性高，实用性更高。

目录 contents

第一辑 清除人际的障碍

第二辑 找到博弈的技巧

第三辑 利用苦难的背面

第四辑 卸除痛苦的枷锁

第五辑 打破修行的壁垒

第六辑 找到成功的入口

第七辑 认清真实的自我

第八辑 跨越生活的误区

第一辑

清除人际的障碍

每个人都希望自己能获得良好的人际关系，可是很少有人知道，这不仅是一件非常微妙的事，更是另有玄机。本章将教会你如何给人留下好印象，怎样利用情感和对方拉近距离，为什么温和地与对方相处更能赢得人心……让你掌握使他人对自己产生好感的秘密。

首因效应：给人留下良好的第一印象

心理扫描

有些人在见面之前，彼此之前没有任何了解，但奇怪的是，一见面就会彼此喜欢上对方，这难道就是传说中的“上天注定有缘分”吗？告诉你，这没有那么神秘，一切都是首因效应带来的神奇：学会给人留下良好的第一印象，你就会被人所接受和喜欢。

“首因效应”是指第一次与某物或某人接触时留下的印象，也叫做“首次效应”或“第一印象效应”。心理学家研究发现，人们的第一印象形成是非常短暂的，往往只有几秒或几十秒的时间，可就在一眨眼的工夫，人们就已经对你“盖棺定论”了。“首因效应”提醒人们：人会根据第一次见面时的服饰、发型、手势、声调、语言等自我表达方式审视、评判你，由此来决定你在他心里的位置。

好的第一印象，能帮助一个人打开机遇的大门。

20世纪90年代初，张正清正在北美某大学攻读硕士学位，还有不到一年时间就毕业了。随着毕业期限的临近，张正清的就业压力越来越大，因为当时正逢经济萧条时期，很难找到一份好工作。

张正清一贯注重个人形象。每次在出门前，她总是按照场合的不同对自己进行精心的装扮，特别是第一次和人接触，她非常注重给人留下良好的印象。

在一次专业学术会议中，张正清保持着一贯的典雅装扮。在会议上，她举止大方，脸上不失微笑。在和别人交流的时候，她努力采用高度职业化的自我展示能力和流利的英语对话。张正清的表现给一位跨国公司老总留下了深刻的印象，这位政治家出身、实力强大的加拿大老总回去后，随即让人事部门接触张正清，问她能不能在毕业后到他旗下的美国分公司工作。当然，他会给张正清博士生待遇的工资和广阔的升职空间。

对于这样的好事，张正清当然乐于接受。就这样，还没有毕业的张正清就被一家大公司给“预定”了。多么幸运的张正清呀！

张正清运用自己留下的“第一印象”的金钥匙，打开了自己事业的大门。

世界上著名的心灵导师卡耐基说：“一个人的‘第一印象’是非常重要的，别人对你，或者你对别人都是一样。”的确，人们认识事物是一个由表及里、由浅入深的过程，在人们对你的一切都不了解的时候，绝大部分人都会根据个人的第一感觉做事，而你留给对方的第一印象是好是坏，是决定着产生什么样感觉的关键。

中国女博士郭德如在巴林银行工作，尽管她能力很强，但并没有享受相应的薪资待遇。这也让她的上司感到遗憾：“我和人事部在招聘她的时候，她看起来像个再普通不过的女人，但进公司后，她的专业能力是超乎我们想象的。不幸的是由于进来时公司给她的位置太低了，我们只能在那个基础上为她加薪。”

原来，在面试的时候，郭德如没有注意到第一印象的重要，还保持一贯朴素的装扮；因为准备不充分，自我展示的能力也很平凡。面试官根据这些给她在巴林银行安排了一个职位。因为在面试时郭德如的能力被低估和忽视，尽管她出色的计算机能力使她被公司雇用，但郭德如留下的那个普通、平凡的第一印象，却成为日后事业发展的障碍。

在交际中，优雅谈吐、举手投足间的礼仪规范等能给人留下良好的第一印象，使你顺利进入自己的交际平台。

刘庄达曾去一家大型公司参加最后一轮应聘，主考官正是该公司的老总，刘庄达是最后一个应聘者，他满头大汗地坐到主考官面前，头上的汗珠不停地从额头上冒出来，满脸通红，一件白色T恤还有着几道黑色的印迹，给人一种拖沓的感觉。该公司的老总上下打量了他一下说："你是研究生毕业？"刘庄达点着头说："是的。"接着，该公司的老总提出了几个专业性很强的问题，刘庄达回答得很好。

最终，老总经过再三考虑录用了他，第二天，刘庄达一上班，老总就把他叫到自己的办公室里，并对他说："昨天，在我第一眼见到你的那一刻，心里已经否决了你，你给我的第一印象很差，要不是你后来回答问题时的出色表现，你一定会被淘汰。"刘庄达听后，红着脸说："早晨起得晚了一点，正好又赶上堵车，怕耽误时间，所以就拼命地赶路，不料不小心滑了一跤，所以时间虽然赶上了，却是一副狼狈不堪的样子。"老总听后严肃地对他说："你刚毕业，出现这样的问题可以原谅，但以后一定要注意，与人第一次见面的时候一定要注意给人留下美好的印象，这也许会决定你的一生。"

毫不夸张地说，第一印象就是效率，就是经济效益。它比第二次、第三次的印象和日后的了解更重要。美国勃依斯公司总裁海罗德说："大部分人没有时间去了解你，所以他们对你的第一印象是非常重要的。只有给人留下良好的第一印象，你才有可能开始你的第二步，很多情况下，我们会相信第一印象基本上准确无误。对于寻求商机的人，一个糟糕的第一印象，就失去潜在的商业机会，这种案例数不胜数。你必须花费更多的时间才能够抹去糟糕的第一印象。"通过首因效应，人们可以发现人人都有先入为主的心态，你对对方而言，具有新鲜感，你给对方的第一印象，将成为你们相互了解的开端。所以，与其让对方慢慢地修正对自己不好的印象，倒不如把自己良好的形象，在第一次见面的时候，就展示给对方，走好与人相识的第一步。

那么，怎样才能给人留下良好的第一印象呢？心理学家认为，第一印象主要是依靠性别、年龄、姿势、谈吐、表情、衣着等外在特征，来判断一个人的内在素养和个性特征。所以，在交际中，首先要注重仪容仪表，以及着装打扮的得体；其次，要注重举手投足的恰当得体和言词优雅。虽然第一印象只是瞬间，但却能起着微妙且至关重要的作用，让你准确地把握住每次机会。

互悦机制：你喜欢对方，对方也喜欢你

心理扫描

很多人有这样的遭遇：和一个人打交道，或许是对其第一印象不太好，自己在内心中就不会喜欢对方。在之后的交往过程中会发现，自己对对方的态度是那么的正确，因为自己也能感到对方对自己也不那么友好。那么，自己的态度真的是对的吗？两个人是天生的不友好吗？

1982年，美国威斯康星大学曾做过这样一个实验：

实验人员让水平相当的甲、乙两支队伍进行保龄球比赛，比赛一共进行三天。

第一天两队的成绩相当。比赛结束后，教练走过去对甲队说："你们很棒，取得了不错的成绩，继续加油！"

而对乙队队员，教练却开始训斥："怎么打得这么差，平时我怎么教你们的全忘了吗？"

面对不同态度的教练员，甲队队员受到了很大鼓舞，随后的比赛中他们越打越好，而乙队队员感到非常不耐烦，越打越糟糕。

三天后，甲队的每个队员都和教练关系不错，而乙队没有一个人对教练表示好感。

很明显，甲队最终赢得了比赛。

这个实验向人们传达了这样一个心理规律：对自己喜欢或亲近的人提出的事情和要求，人们接受起来会更容易，一般不会产生排斥感。后来，人们把这个道理扩展到人际交往中，心理学认为，在人际交往中，如果你想得到人们的欢迎或者支持，仅仅提出良好的建议是远远不够的，必须让人们喜欢你。心理学家将这种现象称之为"互悦机制"，也叫做"对等吸引率"。通俗地说就是"两情相悦"，在人际交往中，这是一种很自然的心理规律。

世界上著名的推销人，也是最了不起的卖车人乔·吉拉德成功的秘诀就是让顾客喜欢他，为了博得顾客的喜欢，他会去做一些在别人看来非常微不足道的事情。比如，每一个节日他都会给"他的1.3万名顾客"每人送去一张问候的卡片，卡片的内容会伴随着节日的变化而变化，且在他所寄出的每张卡片的封面上还会写着永远不变的同一句话："我喜欢你。"用吉拉德的话来说："我寄出卡片的最终目的，只是想告诉人们我喜欢他们。"

吉拉德正是借助这种方式，平均每一个工作日都会卖掉5辆车，使自己每年的收入都超过20万美元，创下连续12年销售第一名的纪录，他还因此被吉尼斯世界纪录称为世界上"最了不起的卖车人"。

许多人在内心深处都有"被喜欢心理"，在人际关系中，如果你能够对别人表示出仰慕，那么别人对你也会有同样的举动，如果你能够首先做到喜欢别人，那么别人还会不喜欢你吗？互悦机制表明，你的行为会让他人孕育同样的行为，你的友善会让他人孕育同样的友善，你怎样对待别人，别人就会怎样对待你，你喜欢他人，他人才能喜欢你。聪明的人常能设法满足他人的这种心理，让他人接纳自己、喜欢自己。

一天早晨，小薇身着一身新衣来到办公室，看到同事吴姐问："看看，吴姐，我这身衣服怎么样？"

吴姐立马回应道："不错，不错，一定很贵吧。"

小薇得意地说："花了我800块钱呢。"喜悦之情溢于言表。

一会儿，小薇对面新来的同事小江来到办公室，小薇随口问："看看，我买的新衣服。"小江审视了半天，慎重地说道："小薇姐，你这衣服款式太老了。"

"花了我800块钱呢。"小薇想从价格上反驳小江。

"800块钱？我表姐就是卖衣服的，她店里就有这款衣服，300块钱还价就卖。"

小江的话，让小薇难受了一上午。

吴姐要比小江聪明多了，对于小薇的这身衣服，她也看出不足来了，但就是没说。所以，在办公室，吴姐最有人缘。

通过互悦机制的心理学效应，我们可以得出这样的结论：人与人相处，就得将心比心，以心换心。生活中我们经常会有这样的体会：当自己想得到别人的喜欢，而那个人也喜欢自己时，自己会对那个人的喜欢更多一些。例如，对于某个学生而言，如果他发现自己喜欢一位老师，而老师也恰好喜欢他，他会越来越觉得老师可亲可敬，从而更喜欢老师所教的学科知识。

既然喜欢别人在人际关系中如此重要，那么该如何让对方感受到你喜欢他呢？可以直接说："我喜欢你。"但这不是最好的办法，最好的办法是在你的言辞中，对对方的某方面优点表现出称赞、敬佩。羡慕对方，但赞美要真诚，不要夸夸其谈，这会给人以讽刺之感。平时还要多关心对方，因为这也是"我喜欢你"的表现。

人与人相处，只有在言辞中通过钦佩、敬仰、赞美之情，传达出喜欢对方的信息，对方才能以同样的方式喜欢你，进而愿意为你做你想让他做的事情。

你怎么看一个人，那人可能就会因你而改变，你看他是珍贵的，他就是珍贵的。尊重和爱心，常会产生意想不到的结果。用心去感悟世界，去尊重身边每一个人，你会发现，生活处处充满明珠一样的光彩。所以，对方不喜欢你，源于你不喜欢对方，在不自觉中排斥对方，所以，对方也会用不友好来回敬你。只要你改变对待对方的态度，你就能与对方友好地相处。

贝尔纳效应：有帮别人等于帮自己的心态

心理扫描

人们常说，朋友是用来帮忙的，但自己却没有这样的朋友。当你遭遇困难的时候，身边却没有一个朋友，总是一个人在扛，这会让你感到势单力薄，感到很无助。这时，你会觉得这个世界很冷漠。其实，这种局面是你自己造成的，人与人之间不是本来就冷漠——你可以改变它！

英国学者贝尔纳，不仅有很高的天赋，而且勤奋刻苦。如果他毕生研究晶体学或生物化学，极有可能获得诺贝尔奖。但他却心甘情愿走上另一条路——为他人架云梯，把富有开拓性的课题一个个提出来，指引别人登上科学高峰，这一举动被科学家们称为“贝尔纳效应”。

历史上，戴维和法拉第的合作是典范。虽然有一段时间，法拉第的突出成就引起过戴维的嫉妒，但二人的友谊仍被世人所称道，这份情缘的取得很大程度在于戴维是法拉第的领路人。法拉第未和戴维相识前，就给他写信：“戴维先生，您的讲演真好，我简直听得入迷，我热爱化学，我想拜您为师……”收到信后，戴维便约见了法拉第。后来，法拉第成了近代电磁学的奠基人，名满欧洲，他也总忘不了戴维，说：“是他把我领进科学殿堂大门的！”友谊的源泉，是理想的黏合剂，可以把互不相识、志同道合的人连在一起。

表现在交际上，只有非常喜欢和人打交道，也非常愿意为他人做嫁衣裳，帮助别人成功的人才会受人喜欢。

美国费城，一个乌云密布眼看暴雨即将来临的夜晚，人们纷纷四处找地方躲雨，人群中有位步履蹒跚的老妇人小步急行来到一家商店的屋檐下避雨。店内大多数营业员都没有理会或是忽视了这位衣着简朴的老妇人。片刻之后，店内一位小伙子满脸微笑走过来说：“夫人，我能为您做点什么吗？”。老妇人微笑着回答道：“谢谢你！”此时雨越下越大，看起来不会立刻停下来的样子，老妇人心想在人家店内避雨，不买点东西，有点不好意思，于是就在商店内转来转去，想找点东西顺便买回去。这位小伙子看出了老人的心思，微笑着走过来说：“夫人，您只要来到我们店里，就是我们的客人，您买不买没关系，来，我给您搬一把椅子，您坐下休息一会儿，别着急。”老人充满感激地说：“非常谢谢你，小伙子！”约莫两个小时后，雨停了，老妇人临走时，向这位小伙子要了张名片，知道他的名字叫费利。几天后，这家商店的老板收到一封从苏格兰寄来的特快专递，寄信人就是那天在此避雨的老妇人，她是当时美国亿万富翁钢铁大王安德鲁·卡内基的母亲。她在信中要求与这家商店合作，同时提供了一揽子合作计划，但要求必须让那位叫费利的年轻人负责此项业务，并邀请他到苏格兰签订协议。这项合作带来的利润是这家商店两年的利润总额。同时，费利也获得了一个机会，充分展示了他在经营管理方面的才能，很快成为这个家族企业的合伙人，成为安德鲁·卡内基重要的得力伙伴。

真诚地对待每一个需要你帮助的人，就算你无能为力，但你的真诚也会让对方心里感到温暖。但谨记不要希望借此获得丰厚的回报，因为功利之心会让你真诚的帮助失去光华。为他人做嫁衣裳，是中国多少年来形容为别人而辛苦的一句老话。一个裁缝做的嫁衣裳再精美，也是穿在别人的身上。尽管不是每个新娘子在她最幸福的时候，都能够想到给自己增添美丽的裁缝。但只要裁缝手艺出众，新娘子身上的嫁衣裳就是他最好的招牌，自然顾客盈门，他离成功还会远吗?

斗鸡博弈：给人最大心理伤害的是你的锋芒

心理扫描

人有好胜心理没有错。但是，有些人因为好胜，处处锋芒毕露，最终不仅会得罪很多人，还会伤害自己。很多时候，示弱是一种智慧，是获得他人尊重的门径。

人们在斗鸡时发现，最强的斗鸡是这样的：在没有交战之前，一副呆头呆脑的样子，以麻痹对手。当和对手交战时，它不会死拼，而是进退有致，从而打败对手。后来，人们将这种现象称为“斗鸡博弈”。

斗鸡博弈在日常的人际交往中也有运用。在人际交往中，如果你本身实力比较强，但你在面对实力较弱的对手时，只知伸，不知屈，只知进，不知退，只知自我显示，不知韬光养晦，那你就不能算是真正的强者。

有一位记者去拜访一位政治家，目的是获得有关他的一些丑闻资料。然而，还来不及寒暄，这位政治家就对想质问的记者说：“时间还长得很，我们可以慢慢谈。”记者对政治家这种从容不迫的态度大感意外。

不多时，工作人员将咖啡端上桌来，这位政治家端起咖啡喝了一口，立即大嚷道：“哦！好烫！”咖啡杯随之滚落在地。等工作人员收拾好后，政治家又把香烟倒着插入嘴中，从过滤嘴处点火。这时记者赶忙提醒：“先生，你将香烟拿倒了。”政治家听到这话之后，慌忙将香烟拿正，不料却将烟灰缸碰翻在地。平时趾高气扬的政治家出了一连串洋相，使记者大感意外，不知不觉中，原来的那种挑战情绪消失了，甚至对对方有了一种亲近感。

生活中，锋芒是强者额上的角，一不小心就会伤人伤己。要使别人对你放松警惕，对你怀有亲近之感，就要很巧妙地、不露痕迹地在他人面前暴露某些无关痛痒的缺点，出点小洋相，表明自己并不是一个高高在上、十全十美的人物。

所以，即使当你有理，也要给对手留一点余地，而不是为出一时之气，为满足自己一时的好胜心，把对方逼近死角。如果你能够低调一点，给别人留几分面子，学会“理”让三分，你会发现你不仅仅是赢了一个对手，而且还赢得了一个朋友。

在一家高级酒吧里，一位顾客大声喊着："服务员，你快给我过来！快点！"听到顾客的叫喊，服务员王宁赶紧走了过来，只见那位顾客指着面前的杯子，对王宁冷若冰霜地说："你看看，你们酒吧里卖的是什么牛奶，都变质了，看把我的一杯柠檬都糟蹋了！赶紧让你们经理过来。"

"先生，真对不起。"服务员王宁连忙道歉道："先生，您稍等，我马上给您换一份新的。"很快，王宁从吧台拿取了一份新鲜的柠檬和牛奶放在了顾客的面前，然后说道："尊敬的先生，我们的牛奶都是最新鲜的。我想建议您，请不要往柠檬里面加牛奶，因为有时候柠檬酸会使牛奶结成块。"这时，那位顾客的脸一下红了，知道自己是错怪了别人，于是，匆匆喝完茶就走了。

旁边的一位同事笑着对王宁说："刚才那人明明是老土，连这点最基本的常识都不懂，还来酒吧喝酒。况且他刚才那么粗鲁、自以为是，对于这种客人，你完全没有必要对他客气。"

王宁微笑地回答道："正因为他自以为是，没有道理，我才用这种婉转的方式告诉他；正因为我有理，所以才点到为止，让他明白就可以了，不必让他当时下不来台。"

同事听了王宁的回答，投下赞许的目光。

可见，王宁无疑是个聪明人，如果当时数落那位无知的顾客，不仅会得罪那位客人，还会影响到酒吧的正常经营。因此，聪明的人都善于把道理这种"软兵器"放在心上，而不是跟别人直接面对面地针锋相对。发生正面冲突会使自己失去冷静和理智，从而暴露自己的缺点和弱点，也得罪了他人。

因此，当我们有理时，也要谦虚谨慎，不要过分地让别人下不来台，让别人颜面扫地，尤其是在领导面前，即使你再有理，也要给他留面子，用委婉的方式指出他错在哪里，这样他不仅知道了自己理屈在哪里，同时还会感激你指出了错误之处，就会赏识你是一位会做事的人，从而对你刮目相看。所以，如果你是一个有远大抱负的人，就必须要学会低调一点，即使你再有理，也要学会“理”让三分，少一点趾高气扬的心态，只有这样，你才可以积累更多的人脉，永远立于不败之地。

马基雅维里效应：人人都有喜欢被赞美的心理

心理扫描

为什么你的话让对方听了不痛快，对方会不高兴，因为你不会赞美对方。你要想让对方接受你、喜欢你，只要多用一点赞美的语言。很多人将赞美别人看成是讨好人的举动，其实，赞美别人是人际关系的润滑剂。

马基雅维里曾提出这样一个问题：“为了获取权利，怎样使自己给别人留下一个好印象？怎样讨人喜欢？”他认为，一直说对方喜欢听的话，便会给对方留下一个好印象。后来，人们便把说好话、戴高帽，获取别人好感，获得更多好处的心理，称为马基雅维里效应，也叫戴高帽效应或者巧嘴效应。

古代京城里有个高官，他的朋友考中状元，临走向他辞行。高官对朋友说：“外地为官，千万要小心谨慎。”朋友答道：“兄台放心，我已准备好一百顶高帽子，到了地方，每人送一顶，保管大家都高兴。”高官听了，脸色一沉，说：“咱们读书人，受孔孟之道教育多年，正人君子不能搞阿谀奉承那一套。”朋友一笑，说：“您说得很对，可惜天下像您这样不爱听奉承话的人太少。要是天下人都像您这样，何愁我朝不兴。”高官听了十分高兴，抚髯说：“你说的也有道理。”

这就叫善赞，赞得让别人高兴，且又不露痕迹。高官可能没有想到，别人已送了一顶高帽子给他，这也正是他朋友的高明所在。善赞要投人所好。试想，一个追求道德名声的人，若与他谈功名利禄，就会被轻视；与崇尚利禄的人交友，与之满嘴大谈仁义道德，结果只会被敬而远之。只有先探求对方心理，用得体的语言打动对方，才能赢得好感。

善言，就是善于说话，会说话。与人交往要善言，善言首先需要察言观色，具体情况具体分析。所谓“对悲人勿乐，对哭人勿笑，对失意人勿矜”。其次，一切分寸要讲究适当，过则成了阿谀奉承、溜须拍马。不妨多赞美别人的优点，没有人不喜欢听到别人说自己的好处。

当然，与朋友相交，要以诚相待，切不可虚情假意。赞美要出自真心。听友讲话频频点头、笑容可掬，注意倾听对方说话，就是对对方的尊重，能赢得对方好感。

有一句古老真实的格言：“一滴蜜比一加仑胆汁，能捕捉到更多苍蝇。”人也是如此，如果要别人同意你，就要先使他相信你是他忠实的朋友。用一滴蜜赢得他的心，就能使他走在理智的大道。其次，请尊重对方的意见，切勿指出其错误，而与之进行争论，十之八九，争论的结果会使双方比以前更相信自己是绝对正确的，你赢不了争论，要是输了，当然你就输了；如果你赢了，还是输了。因为你的胜利，使对方的论点被攻击得千疮百孔，证明他一无是处，你会觉得洋洋自得。而你使他自惭，你伤了他的自尊，他会怨恨你的胜利，而且一个人即使口服，但心里未见得服。两千年以前，耶稣说过：“尽快同意反对你的人。”四千年以前，埃及阿克图国王，给他儿子最精明的忠告就是：“圆滑一些，它可使你予求予取。”

人类行为学家约翰·杜威说过："人类本质里最深远的驱策力就是希望具有重要性，希望被赞美。"因此，对于他人的成绩，你要赞扬。当发现值得褒奖之处时，你更应毫不吝啬地给予真诚的赞许，使得人与人之间的交往温馨而和谐。每个人都喜欢被赞美。赞美之所以得其殊遇，一在于"美"字，表明被赞美者有与众不同的地方；二在于"赞"字，表明赞美者友好的处世方法。

刺猬法则：有时交往过深伤心也最深

心理扫描

为什么让你受伤的不是你的敌人，而是你的朋友，你的亲人？面对亲人朋友的背叛，很多人不理解这究竟是为什么——为何最亲近的人会和自己结怨呢？"刺猬法则"告诉你，不要以为距离远是人际关系的障碍，其实，距离太近更容易让交往的双方受到伤害。

有两只困倦至极的刺猬，由于寒冷而拥在一起，可因为各自身上都长着刺，刺得对方怎么也睡不舒服。于是，它们离开了一段距离，但又冷得受不了，于是又凑到一起。几经折腾，两只刺猬终于找到了一个合适的距离，既能互相获得对方的体温又不致被扎伤。这就是形象而又闻名的"刺猬法则"。刺猬法则就是人际交往中的"心理距离效应"。

这是美国精神分析医师布列克曾对同事间的交往打过的一个精彩的比喻，这种刺猬式交往形象地说明了同事之间应该保持不即不离的距离，不要无话不谈，过于亲密。

巴索利斯与巴尔塔沙在同一家大公司共事，由于两个人志趣相投，没多久就成了密不可分的好朋友。彼此之间无话不谈，相处的极其融洽，但是，在巴索利斯由于工作突出，被提升为经理以后，两个人之间的关系却发生了戏剧性的变化，巴索利斯需要一个得力的助手，于是，他想到了巴尔塔沙。

他想方设法将巴尔塔沙提拔上去。他认为巴尔塔沙是他最好的朋友及同事，肯定会对他忠心耿耿。有谁比最好的朋友更值得信任呢？但是令巴索利斯万万想不到的是，巴尔塔沙就在此时开始着手了他的计划，因为他渴望更高的地位，他渴望超过巴索利斯。

他先在其他同事之间散布巴索利斯的谣言，将巴索利斯以前告诉他的所有秘密公布于众。后来又挑拨巴索利斯与董事会的关系。巴索利斯在公司的地位一日不如一日。最终，他带着一颗伤透的心离开了公司。

虽然后来真相大白，巴尔塔沙受到应有的惩罚，被开除出公司，但巴索利斯心中的伤痕却难以愈合。得知真相后，他痛惜地说道："我这么相信巴尔塔沙，甚至把他当成了无所不谈的好朋友，他却设计陷害我，实在太令我伤心与失望了。"

世界上没有一成不变的事物，与同事相处，要想到他们可能会变成你的朋友，但也有可能会变成你的敌人，因为朋友中有君子也有小人。如果遇到像巴尔塔沙那样的人，到头来受到伤害的只能是自己。

刘磊家境富裕，向涛家境贫寒。两个人是大学同学，但在学校时只是同学而已，没有特殊的交情，毕业后他们进了同一家公司，向涛渐渐把刘磊视为知己。

向涛读大学时，家里借了许多债。参加工作后，为了多挣点钱，向涛就悄悄找了一份兼职，帮一家小公司管理财务。刘磊发现他下班后也忙得不可开交，一问，向涛就把自己做兼职的事情告诉了刘磊。

公司每年都会选派一名优秀员工到一家著名的商学院培训。根据选派条件，条件最好的刘磊和向涛都被列进了候选人名单。刘磊对向涛说："要是我俩都能去该多好啊。"向涛说："但愿如此。"

结果刘磊脱颖而出，成为公司那年惟一选派的培训员工。向涛很失落，他非常想获得这次培训的机会，于是找老板，请求也参加这次培训。

老板看了向涛一会儿，冷笑着说："你太忙了，就免了吧。"

向涛急忙说："我手头上的项目，我会尽快完成的。"

老板沉下脸来说："那家小公司怎么办，谁给管理财务？"

向涛愣住了，他一时搞不明白老板怎么知道他兼职的事。他本能地辩解说："我兼职是有原因的，这并没有影响我在公司的工作……"

老板打断向涛的话说："好了，你忙你的去吧，我还有事。"接着冲向涛摆摆手。向涛只好灰溜溜地离开。

"你太忙了"——向涛没想到这句话会成为阻止他培训的理由。可老板怎么知道他兼职的事情呢？这件事那家小公司是绝对保密的，他也只告诉过刘磊一个人。向涛越想越心酸，他没想到知己会出卖自己！交际有时候就像交通事故的发生，有多种原因，但因超速驾驶看不清对方车道而产生的刮蹭事故最多。交际上要避免撞车，就要注意车距。

与朋友相处，太远了显然不好，别人会误认为你不合群，孤僻，性格高傲；太近了也不好，因为这样不但容易让彼此发生摩擦，而且还有可能对自身造成很深的伤害。所以说，不即不离、不远不近的朋友关系，才是最合适的和最理智的。

怀旧效应：利用情感武器拉近距离

心理扫描

那些原则性很强，平时不苟言笑的人，会有天生的坚固壁垒——将人拒之千里之外，我们似乎很难和其拉近距离。但是，利用情感武器就能接近或靠拢对方内心世界的言行，都可能成为打开对方心灵的通道，促成彼此之间的沟通。

人天生就有怀旧情结，即人总会怀念以前的事物，但并不是说以前的比现在的优越。人们总喜欢拿现在的和以前的对比，从中发现以前事物的某些优点，激起内心对这些优点的惋惜和怀念。现实生活的压抑、孤独，更能激起对过往快乐生活的回忆，产生对那些生活的追求，也能激起思维中现在与过去的对比，因而怀旧。人们将这种情绪称为“怀旧效应”。利用怀旧效应，可以在短暂的时间内让对方在心理上对你产生好感。

柯有强大学毕业进入了一家外资企业工作。

听人说，主管原来是从部队里下来的，对下属就像对待士兵，极为严格。

柯有强第一天上班，果然看见这位军人出身的主管一脸严肃，没有一丝笑意，叫人不免紧张。

但柯有强并不惧怕这位主管，在第一次见面，就主动迎上去与他握手，热情而坦率地寒暄道：“您看上去不像企业领导，倒像个军人，因为我爸爸就是一名军人，军人的气质我最熟悉啦。”

他的这句话刚出口，主管脸上马上露出笑容，说：“我就是从部队退伍的。好好干，小伙子。”

接下来的交流轻松多了，后来，主管好像对柯有强特别钟爱，半年后，就让柯有强做了他的助理。

如果首先表明自己与对方的态度和价值观相同，就会使对方在心理上感觉到你与他有更多的相似性，从而很快地缩小与你的心理距离，更愿意与你接近，结成良好的人际关系。为什么柯有强一句话就能让主管对他笑脸相迎？原来，这句话能产生奇效的原因就在于，当兵的人对自己军旅生涯通常备感自豪，也十分珍视。柯有强赞赏的口吻无疑拨动了领导的心弦，更是拉近了自己和主管的距离，所以主管像遇到战友那样激动和亲切，自然会采取相应的友好态度。

因为经历不同，所以每个人的内心都有某种情结，比如母校情结，初恋情结等，人们会非常珍惜这些情结。所以，从对方的情结入手，就容易打开对方的心扉，办事就容易多了。

某机关面向社会公开招聘文秘和法律人才，人事处长亲自主持面试。

刘爽是政治教育专业的研究生，虽然专业不对口，但他还是希望能抓住这次机会。

那么，究竟有什么办法能赢得这场面试呢？刘爽开始动脑筋了。他了解到，这位人事处长出生在山区，当过民办教师，后来自学考上大学，毕业后被分配到机关工作。巧合的是，自己的经历和这位处长十分相似。

在面试现场，大多数考生只是谈自己的成果、能力和荣誉，但这些都没有引起处长的兴趣，从处长的表情看，应聘的人当中没有他中意的。

当轮到刘爽面试时，处长说：“你先谈谈自己吧，不清楚的地方我再问你。”

刘爽道：“我说说我的人生经历吧，我2000年中师毕业参加工作，虽然只是一名收入微薄的乡村教师，但我还是一心一意地教孩子。在努力工作之余，我没有放弃自己的学业，通过自学考试获得了大专学历。后来，为了充分发挥自己的潜力，我开始考研。”

这时，一直侧面倾听的处长把目光投向刘爽，在不经意中点着头。

刘爽继续说：“去过农村的人都知道，乡下信息闭塞，学习条件差，要想考研，难度有多大。但我在完成教学任务的同时，夜以继日地攻读，每天几乎只睡三四个小时，凭借努力，我以很好的成绩考取了研究生。”

“公务员特别需要这种毅力和吃苦精神，这是很重要的素质。不过，你的专业与我们不太对口。”处长带着遗憾的口吻说。

刘爽说：“我觉得作为秘书，专业并不是最大的障碍。最重要的是我有没有不断学习的能力，我的经历表明，我具有接受新事物、不断进取的个性特点。我相信自己可以做好这份工作。”

处长欣喜地点点头。

两周后，刘爽接到了录用通知书。事后，处长告诉他：“你的经历陈述使我看到了自己，促使我下了录用你的决心。”

不难看出，刘爽在面试陈述中是用了一番心思的，体现了自身较高的情商水平。他善于寻找自己和处长的共同点，充分利用处长的心理，以自己的经历去拨动处长的心弦，成功地勾起了对方的回忆，从而形成心灵共鸣，促使对方选择了他。

心理学研究表明，人与人之间的相似性能够增加人际吸引的程度，因此，那些有着相似经历和相似想法的人，往往容易相互吸引、惺惺相惜。所以，我们可以利用人的这一心理特征，找到自己与交往对象的某个“关联点”，比如，相似的信念、价值观、兴趣、爱好，甚至是相似的生长环境等，这些“关联点”或许可以拉近彼此之间的心理距离。

瀑布心理效应：不要有过度的自我防卫心理

心理扫描

面对外来的刺激，哪怕是一点点，你可能就管不住自己，暴跳如雷……你可能会为你的失控付出代价，事后更会为自己的不冷静而后悔：自己到底是怎么了？告诉你，很多时候我们掌控不了自己的情绪，那是“瀑布心理效应”在作祟。留一点空间给别人，也是给自己留下余地。

信息发出者的心理比较平静，但传出的信息被接收后，却引起了信息接收者不平静的心理，从而导致态度行为的较大变化，这种旁人一句随便说出的话，却弄得听者出现很大反应的现象，在心理学上被称为“瀑布心理效应”。因为它像大自然中的瀑布一样，流出时平平静静，而遇到了某一峡谷就会一泻千里，浪花飞溅。

毕业不到半年的杨玉霞在一家企业担任企划人员。当初进公司的时候，她就因仅有大专学历而差点被拒之门外，因为招聘简章上明确要求应聘人员一定要有大学本科及以上文凭。要不是杨玉霞用软磨硬泡的方法打动了招聘人员，她连面试的机会也没有。幸运的是面试那天，正好有人缺席，在公司急需人手的情况下，她得到了这份工作。然而，报到那天，部门主管看她简历时微微皱了皱眉的样子，深深地印在杨玉霞的心中，她想，主管一定是对自己的学历不满意。

此后，杨玉霞就特别留意主管对自己的态度，在工作中也是小心翼翼，她就怕一不小心犯了错，受到主管的轻视。但是，百密一疏，工作了两个月后，杨玉霞还是犯了错误。

公司10周年纪念日，要举行庆祝活动。为了扩大影响力，公司特意邀请了一位重要的市领导参加庆祝活动。杨玉霞负责把庆祝晚宴的座位卡放到每张桌子上。事情就出在一张小小的座位卡上——她把老板的名字放在最主要的位置，而把市领导的座位卡放在了次要位置。开席之前，也没有其他人员核查，等到大家都走进了宴会厅，老板陪同市领导入座的时候，才突然发现自己的座位跟市领导的座位安排反了。当时，市领导的脸色有些不悦，老板更是又尴尬又着急，赶紧让市领导坐在主席位。经过一番客套的谦让，市领导终于落座了。

这件事情被主管看在眼里，晚宴结束后，他找到杨玉霞，语重心长地说：“年轻人做事毛躁，考虑不周可以理解，不过以后要注意这方面的问题，千万不要再出现这样的失误啊！”

杨玉霞低着头没有吭声，心里却波涛汹涌，无法平静。这在别人看来，可能是很普通的一句批评，甚至只是善意的提醒，却被杨玉霞视为奇耻大辱，她认为主管一定是对自己的学历耿耿于怀，所以借这件事数落自己。

主管那句批评的话，就像烙印一样，深深地烙在了杨玉霞心里。在以后的工作中，主管偶尔也会因为工作上的事情说她几句，就算真的是她做错了，她也偏激地认为是主管在有意找碴批评她，想借机逼她辞职。

几个月后，当再次受到主管的批评后，杨玉霞坚决地辞职了。

尽管主管一再挽留，她还是坚持认为主管只是表面的假惺惺，实际上恨不得她快点离开。她觉得，这种只重学历不重实际能力的公司，不值得她为之付出努力。而事实上，主管从始至终都没有十分介意杨玉霞的学历，他初次看到她的简历时皱了皱眉头，的确是因为对公司突然降低学历要求招聘了一名大专生感到意外，但并没有因为学历而看低杨玉霞。至于之后他对杨玉霞的批评也并不是故意为难，只是站在主管的角度对下属的正常管理，仅此而已。

一个微小的皱眉动作，一句在正常范围内的批评，却被杨玉霞断定是主管因为不满自己的学历，找机会奚落自己，逼自己辞职。最后，她无法保持内心的平衡，主动放弃了一个难得的工作机会。杨玉霞对待主管的表情和行为的态度，就是典型的人际中的“瀑布心理效应”。

瀑布心理是一种反应过激的心理，尤其不适合存在于关系敏感的人际中。穿梭在人际之间，经常会有传出信息与接收信息的情况，如果对朋友的任何一句话都非常敏感，思前想后，按照自己的思维任意放大和联想，那么，很可能简简单单一句话，就会被引发出无数的“潜台词”，从而给双方带来一些完全没必要的困扰。

“己所不欲，勿施于人”，对方一句随意的话很可能会引起我们内心的巨大波澜，那么反过来，我们不经意的一句话，也有可能在对方心里掀起轩然大波。所以，如果你想成为一个受欢迎的人，就必须时刻提醒自己说话做事要掌握分寸，避免自己的一句话或一个小小的举动引起强烈的“瀑布心理效应”。跟朋友说话的时候，一定要注意措辞，以免“祸从口出”，不经意间对自己的人际关系造成不良影响。

第二辑

找到博弈的技巧

社会充满竞争，我们如何能在残酷的竞争中胜出呢？这可能不是实力所决定的，而是博弈的技巧决定的。本章从博弈角度去解读心理最常见的盲区，让你学会“四两拨千斤”的博弈制胜技巧。

囚徒效应：了解对手的想法才能赢

心理扫描

在竞争中，每个人都想赢了对方，结果可能得不偿失，因为对方也会全力反击，结果两败俱伤。所以，只要有竞争，就会有敌对，敌对情形一旦形成，双方都难全身而退。想赢对手，最稳妥的就是你必须了解对手，这样你才能赢。

囚徒效应始于下面的故事：

欧洲在某段时间接连发生大的纵火案，警察抓住了两个犯罪嫌疑人。事实上，正是这两个人出于仇视社会的变态心理纵火，但是警方没有充分的证据起诉他们。于是，就将这两人隔离开，要求他们承认罪行，并给他们三种选择：如果他们两人都承认纵火，每人将判3年；如果一个抵赖，一个坦白并愿意出庭作证，那么抵赖者将被判5年，坦白者将被宽大释放；但如果两个人都抵赖，由于证据不足，每人都将被判1年。这时，招还是不招对于这两个人就成了两难选择。每个人都知道这三个选择意味着什么，但是由于两人没有沟通的机会，于是，出现了两个人的博弈。由于双方互不见面，信息隔绝，因此双方都不会选择抵赖，而选择坦白。

但凡具有理性的参与者都可以计算出来：与其合作而被人家背叛，不如干脆不合作，尽管大家都知道合作比不合作好。

囚徒的命运引出一个悖论：从利己目的出发，结果损人不利己。它动摇了西方经济学的基石——“看不见的手”这一理论，“看不见的手”在市场经济中发挥作用，每一个人都从利己的角度出发，最终全社会达到利他的效果。然而囚徒困境告诉我们：在竞争中，只有确切知道对手已经决定的行为，我们才可以有最佳的决策。合作必须建立在：按照你希望别人对你的方式来对别人，但只有他们也按同样方式做的基础上才能进行，也就是中国古语“己所不欲，勿施于人”。

个体理性与社会非理性的演绎在现实生活中比比皆是，如坐公共汽车，大家都知道排队会更顺畅，由于缺乏行动的一致性，结果造成上车过程拥挤不堪。文凭热也是同理，虽然大家都知道有学历并不代表有能力，但是社会已经把学历捧得太高，好像只有高学历才是人才，于是千军万马过独木桥。

囚徒悖论在于，每个人都会追逐个体利益的最大化，同时却不得不以最坏的恶意推测别人，但只能通过这种方式避免自己的损失最大化。人与人之间的沟通渠道不畅，交流和对话的公共空间无法形成，所有的故事都在背后演绎，造成人与人之间的猜疑。

在囚徒困境中，我们可以发现：如果你总是想赢对方，结果可能得不偿失，因为对方也会全力反击，结果两败俱伤。而且，敌对情形一旦形成，双方都难全身而退。即使是一报还一报这种破解囚徒困境的理想，也终究陷入两败俱伤。而种种错综复杂的因素纠葛在一起，将陷入循环报复的局面，更难以脱身。

在一个规则明确简单的游戏里也许可以得到负责的遵守，但在现实中，各种欲望和利益冲突的复杂性，不主动侵犯他人这一限定条件变得模糊。也许你认为自己只是以正当手段谋求竞争利益，或者只是奉命行事，可是对手会认为你已经侵犯到他的权益，他有权做出报复。而受到报复的你会认为对方是挑衅，同样也做出反击。由此，形成双方相互惩罚、冤冤相报的状况。如果你惩罚对方的报复，这种状况就会延续。如果你宽恕对方，风险也未必会完全化解。

不要把场场赢利作为目标，也不要次次追求最好结果。在人生的道路上，虽然有很多类似囚徒困境的博弈，但大家的关系并不是简单的我输你赢。最大的胜利不是压倒对方，而是引导对方采取对双方都有利，即合作的行为，达到双赢。如果能有多种选择可行，选择花费时间最少、简单、连续、让双方明白的策略是最优的。公开表明所持的立场，并在任何因素的诱惑下都坚持共同的目标，才会使自己立于不败之地，朝令夕改会令对方无所适从。

出其不意效应：让自己把握主动权

心理扫描

面对强大的对手，可能无法打败他，于是很多人选择了认命。博弈的方式和技巧决定博弈的成败——一场实力悬殊的较量，失败的不一定是弱者。再强的对手，也会出现松懈的时候，这时出其不意对其进行打击，你就能将胜利的主动权握在自己手里。

在别人根本没有心理准备的情况下，突然做了一件对于自己来说并不困难的事情，却很容易地达到了目的。这就叫做“出其不意效应”。

出其不意是指用秘密、快速、大胆的行动袭击对手，让自己把握主动权，夺取战场上的优势。兵法上主张：“最好的战术就是主动出击。”我们在做事时也是如此，主动出击的核心就是“攻”，因为在主动出击中可以寻找有利战机。

齐泯王是个昏庸无道的君主，在他的统治下，老百姓过着生不如死的生活。

燕国见时机已经成熟，便派自己的得力大将联合另外几个国家一起攻打齐国。齐泯王鱼肉百姓，齐国的老百姓恨透了齐泯王，因此燕国来犯时，齐军士气低沉，无心抵抗。后来，他们看到燕兵烧杀抢劫，无恶不作，心里愤恨，于是逃往莒城和即墨两城誓死抵抗。

燕军攻了好几年，一直都没有攻下莒城，于是只好转攻即墨城。

即墨城中的田单是位足智多谋的守城大将军。他想，和燕军硬来是不行的，于是想出了一个出奇制胜的妙计，叫“火牛阵”。他先叫城内的商人，假装拿着金银财宝偷偷送到燕军将领手中，告诉他们要投降，并且说：“我们的兵力不够了。请求大人千万别杀我们！这些珠宝是我们的一点心意。”燕军一听，喜形于色，当晚就大摆庆功宴，大鱼大肉，毫无警戒。

再看齐国这边，田单从城外收集来一千多头牛，并且将这些牛都披上五彩龙纹衣，牛角和尾巴上都绑上草。在一个伸手不见五指的夜晚，他一声令下，将领们齐刷刷的用火点燃牛尾巴上的草，牛被火烫到之后，疯狂的往前跑。燕军被群牛践踏的声音惊醒，只看到一大群五彩怪兽横冲直撞，吓得屁滚尿流，四处乱逃。田单乘胜追击，不仅击退了燕军，还收复了被燕军占领的七十多个城邑。

出其不意、攻其不备的目的是要让对方措手不及，打乱他的计划，使对方出现不知如何是好的状态，然后不得不退让。出其不意、攻其不备最重要的是出乎对方的预料，也就是不按照常理出牌，不按照以往的进度和方法做事。

冒险法则：别让过慎捆住了手脚

心理扫描

很多人在做一个决定，特别是做一个重大决定的时候，往往会充分评估这个决定的风险，全力去防范风险，似乎这样做事就能万无一失。其实，过于谨慎的心理往往会捆住了做事的手脚，成为成功的阻碍。正确的做法是，既要在心理上防范风险，在行动上又要敢于冒险，只有找到这两点的平衡点，才能稳操胜券。

风险和收益成正比是一种理论上的概率问题，准确含义是在风险很高的情况下产生的收益也会很高。后来，人们把这种现象叫做冒险法则。冒险法则告诉人们，很多时候，不要被风险吓倒，不要因为风险而束缚住了手脚，需要用非常规思维去处理问题。

冒险的背后意味着什么，许多人都很清楚。一半的成功和一半的失败是两种完全不同的结局。成功之后，鲜花、掌声、名誉、地位……都会随之而来；而失败之后，屈辱、损失、甚至生命的陨落也会席卷过来。因为过慎、畏惧，胜利之后的种种美好虽然在许多人的眼前招摇，可一想到失败之后的所有不堪忍受的苦楚，他们还是选择了放弃冒险。这种畏首畏尾的人因为吃不了苦，所以也享不了福。

石油界的亿万富翁保罗·格蒂是一位最走运的人，但早期他走的却是一条弯弯曲曲的路。上学的时候他认为自己应该当一位作家，后来又决定要从事外交部门的工作。可是，出了校门之后，他发现自己被俄克拉何马州迅猛发展的石油业所吸引，搞石油业偏离了他的主攻方向，但他在胆量的驱使下想试试自己的运气。

格蒂通过在其他开井人的钻塔周围工作筹集了钱，有时也偶然从父亲那里借些钱。因为他的父亲严守禁止溺爱儿子的原则，他可以借给儿子钱，但却从不送钱给儿子。年轻的格蒂是有勇气的，但不是鲁莽的。他头几次尝试都失败了，但是在1916年，他碰上了第一口高产油井，这个油井为他打下了幸运的基础，那时他才23岁。

是走运吗？当然。然而格蒂的走运是应得的，他做的每一件事都没有错。那么格蒂怎么会知道这口井会产油呢？他确实不知道，尽管他已经收集了他所能得到的所有材料。

“机会总是存在的。”他说，“你必须相信这种机会的存在。如果你一定要求有肯定的答案，那你就会捆住自己的手脚。”

格蒂的好运是受大胆所赐，他虽然也很谨慎，但他不会放弃可以成功的任何机会。做事谨慎一点当然很好，但不能因为怕跌倒就不再走路。没有冒险的人生不够精彩，没有冒险勇气的人不够成功。站着不动虽然跌倒的机会很小，但站着不动就可能错过你该拥有的美好。

美国CNN电视台的创始人特纳就是靠着自己的冒险精神建立了第一个个体经营24小时的新闻电视台。

特纳在创建CNN电视台之前，已经拥有了两家电视台。但特纳对此并不满足，因为在他的头上有3家实力雄厚的广播公司：美国广播公司（ABC）、全国广播公司（NBC）、哥伦比亚广播公司。这3个大的广播电视网已经独霸美国几十年，特纳的“超级电视台”和它们相比实在是太渺小了。所以，特纳一直在筹划如何超越它们而成为一流的电视台。

经过仔细的考虑，他把目标定在了24小时电视新闻这个需要冒险精神的领域，因为24小时的电视新闻还没有一家电视台能够办到。但是，谁都知道经营电视新闻是一个赔钱的买卖。它的制作费用相当高，美国三大广播公司只经营时间有限的那么一点电视新闻，每年还要亏损1.5亿美元。特纳现在要经营电视新闻，还想搞24小时制，这是一场冒险。但特纳认为这是一块值得开垦的处女地，如果真的能把电视新闻办好了，人们一定会愿意收看。到那时，电视台一定会声名远扬。他认为，这个险值得冒。

为此，他进行了一系列的准备工作。经过不懈的努力，24小时电视新闻网CNN终于在1980年6月1日正式成立了。他的下一个目标就是进入白宫记者团，这又是一个冒险行为。因为当时只有三大电视网才有机会进入白宫记者团，进入白宫报道政府及总统的事务。三大电视网雄踞白宫，哪里把一个小小的CNN放在眼里，他们当然也不愿意CNN进入白宫和他们抢新闻。所以，他们凭借实力雄厚和资格老，制造种种借口，阻挠CNN进入白宫记者团。同时，白宫也没有把新成立不久的CNN放在眼里，拒绝接纳CNN。这时，特纳运用自己的聪明智慧，想方设法实现理想。他决定起诉白宫，起诉当时的总统里根等人，状告他们违反了《公平贸易法》。这无疑是一个冒险的决定，但特纳认为自己正在进行有理有节的斗争。在起诉之前，他已经查阅和研究了美国法律，他有信心打赢这场官司。果然，8个月以后，特纳胜诉，CNN在白宫记者团获得了一个高级记者的席位，特纳的冒险使CNN电视台获得了又一次成功。虽然CNN获得了和三大电视网平起平坐的地位，但特纳没有满足现状，他决心再向前迈进一步。

1981年8月30日，里根总统在华盛顿希尔顿饭店门前遇刺。CNN获悉这一消息后，马上对此进行了首家新闻报道，比其他广播网早报了2分钟，比电视网早报了4分钟。但特纳想：如果能够获得遇刺现场的录像带，就更直观、更吸引观众了！可是，到哪里去获得录像带呢？按照老规矩，CNN要等待负责白宫报道的ABC电视网把录像带传过来才能放映。这样岂不是要落后一大截？特纳知道惟有冒险、探索才能创造辉煌，但是冒险又不等于蛮干，他先查阅了当时的规定，确信自己没有违反规则，当ABC播出枪击现场的录像时，特纳就和他的合作伙伴里斯把录像转录下来，然后就播出了。就这样，特纳和CNN电视台的工作人员不辞辛苦地工作着，当三大电视网关闭广播的时候，CNN仍然在孜孜不倦地向人们报道里根总统遇刺后的情况，人们可以随时收看总统的身体状况和遇刺事件。一些地方电视台开始转播CNN的报道，CNN也因此家喻户晓，特纳就是用自己的冒险精神使CNN电视台成为了24小时电视新闻的领头羊。

特纳的经历告诉我们，在社会上闯，敢于冒险是非常必要的。有了冒险精神，就会使我们敢想敢干，才有机会成功。

丛林法则：不进取，你就会出局

心理扫描

有一天，你是不是突然发现自己不合时宜了，发现自己已经被对手超越了。这时，你会检查自己：是对手进步了？是自己能力不足？……对此，很多人在内心里会忽视这样一个问题：自己是不是满足于现状，是不是不思进取？丛林法则告诉我们，人要不断进取，否则就会被淘汰出局。

丛林法则源于这样一个故事：

一棵伟岸的大树，苍松青翠、丰姿绰约地长在丛林中，它的顶端极力向上，寻求最多的阳光雨露，粗大的枝干占领着最有利的呼吸空间，繁茂的根系汲取着大地最多的精华。然而，在大树身边，几棵瘦弱的小树却在生存的边缘挣扎，枝干纤细、叶片已接近枯黄的小树愤怒地盯着大树："你已经有了这样的实力，处处强大，为什么还要限制我的生长？"大树漠然地看了它一眼，冷淡地说道："丛林的竞争遵守丛林法则，对于我来说，你的生长永远是个威胁。"

丛林法则，顾名思义是在丛林中生存的法则，弱肉强食是它最典型的特征。

这个世界本来就是一个多变的世界，只有适合世界的变化而变化才能更好地生存。这是一条非常重要的生存法则。洛克西德·马丁公司董事长诺曼·奥古斯丁说："世界上只有两类企业：一类在不断进取，另一类被淘汰出局。"要么进取，要么出局，这是市场游戏的规则。

时代的进步，就是要不断地淘汰那些跟不上时代的不适用的机器、陈腐的思想以及不适应时代发展的制度和方法。

要么进取，要么出局，对于一家企业如此，对于一台机器如此，对于一个人，更是如此。美国职业专家指出，现在职业周期越来越短，所有高薪者若不学习，无需 3 年就会变成低薪。就业竞争加剧是知识折旧的重要原因，据统计，美国 25 周岁以下的从业人员，职业更新周期是人均 17 个月。当 10 个人中只有 1 个人拥有某种证书时，他的优势是明显的，而当 10 个人中已经有 9 个人拥有同一种证书，那么原有的优势便不复存在了。所以，你的选择也只有两种：要么进取，要么出局。

有些事业小有所成的人，对于实现目标，已不再像过去那样感到刺激和兴奋。努力的方向不再明确，产生了"刀枪入库，马放南山"的思想，那么他们的结果只有一个——出局。

生活的目标是没有界限的，惟一的界限是继续前进还是停滞不前，甚至放弃，关键在于是否坚持“向上爬”这一信念。

凡在事业上取得成功的人，无不是抱着“努力进取”的信念奋力向前。

他们达到一个目标后，又接着设定下一个目标，再度接受挑战，完成这个目标。过去的梦想实现后，又抱着新的梦想，向更大、更能专心投入的目标努力迈进。

他们对生活、工作和获得成功永远能感受到相同的喜悦，始终保持旺盛的斗志，精力充沛、日新月异地昂首向前，不论在任何时刻都不会丧失热情和创造力。

对他们来说，“目标都已达到”这种情况是不存在的，换句话说，他们无时无刻不在为自己新的目标奋斗。

毋庸置疑，衣服、车子、房子……一切事物随着岁月的流逝都会不断折旧，甚至你赖以生存的知识、技能也一样会折旧。在风云变幻的社会，脚步迟缓的人瞬间就会被甩到后面。

所以，未来的社会只有两种人：一种是不满足于现状，努力进取的人，这种人将是时代的宠儿；另一种则是安于现状的人，终将被时代所抛弃。所以，你的选择也只有两种——要么进取，要么出局。

共生效应：成功离不开他人的支持

心理扫描

在成功的路上，我们不否认个人努力的作用，但有些人在心理上过于看重个人的能力，所以成功对于他们来说是难上加难。在获取成功的过程中，一定要意识到人是相互影响、相互促进的，所以，在个人努力的同时，也要获取他人的支持，当然，能得到他人的支持，也是个人努力的结果。

走进茂密的森林，既有根深叶壮的参天大树，也有勃勃生机的小草野花。尽管在争夺着阳光雨露，大树小草依然挺拔向上，在竞争中更显风采各异。于是，森林里充满生命的活力和希望。在自然界，一株植物单独生长，往往长势难旺，甚至枯萎衰败，而当众多植物一起生长，却能根深叶茂、生机盎然。人们把这种植物中相互影响、相互促进的现象称为“共生效应”。

在竞争越来越激烈的现代社会中，一个人不可能完全凭借自己的力量来完成某项事业，也不可能凭借一个人的智慧独自成功。因为，一个人无论多么能干、多么聪明、多么努力，如果没有团队的协作，也难以在某项事业上获得成功。

微软创始人比尔·盖茨，可以说得上是一个绝顶聪明的人物，可他所取得的成就同样也完全不是由他一个人所创造的。其中，对比尔·盖茨的事业起到了决定性帮助的人物当属微软前CEO史蒂夫·鲍尔默。

众所周知，比尔·盖茨是计算机技术天才，但这个开创了windows视窗的软件精英，在公司管理方面却显得手足无措。以致于微软刚成立的时候，就陷入了重重危机。聪明的比尔·盖茨知道，这主要是因为自己不懂得管理和经营所造成的。于是，他便想到了同是哈佛高材生的史蒂夫·鲍尔默。

史蒂夫·鲍尔默的父母是移居到美国的犹太人，父亲来自瑞士，而母亲则是一名原俄国皇家卫队员的女儿。犹太人天生具有生意人的头脑，这点在鲍尔默身上也不例外。鲍尔默知识面广，反应敏捷，判断准确，善于把握商机，是一个天生的管家。更可贵的是，鲍尔默很早就开始了商业实践。在高中时，鲍尔默就担任了校篮球队的经理人。当时的教练回忆说，鲍尔默是他当时见过的最好的经理人，球队需要用的球和毛巾总是放在它们应该放的地方，鲍尔默从那时起就是团队精神的典范，因此，整个队伍的状态一直都非常好。由于受到犹太家庭的正统教育，鲍尔默从小就养成了忠诚的品质。

1980年，当盖茨在他的游艇上以5万美元的年薪，说服了当时就读于斯坦福大学商学院的鲍尔默加入微软时，鲍尔默便成为了微软第一位非技术学院毕业的受聘者。鲍尔默加入微软后，他立刻将微软当成自己的家，一干就是25年。

身材魁伟、习惯咬指甲、大嗓门、工作狂的鲍尔默的天赋之一就是善于听取他人的意见，更加强调与对手的合作。和比尔·盖茨相比，鲍尔默本人显得更加随意和开朗。外界评价说，尽管微软在业界拥有霸主的声望，但鲍尔默希望公司的形象能在企业界显得更加亲善化。有媒体分析，正是鲍尔默的性格决定了微软形象的转变。

与盖茨不同的是，鲍尔默在生意上更强调和解，崇尚儒家的“和气生财”。在鲍尔默就任CEO之际，微软面临着众多的法律诉讼，使它的形象严重受损。在反垄断诉讼中，微软成了众矢之的。美国证券交易委员会用了3年时间，调查微软是否在20世纪90年代中期，人为地抹平财务报表。对于这些，鲍尔默强调合作，很快与美国证券交易委员会达成和解协议。在鲍尔默管理微软期间，微软还与司法部就反垄断案达成了和解，并且平息了其他由雇员、客户和竞争对手提起的诉讼。

正是因为鲍尔默有着惊人的管理天才，才使微软渐渐地战胜了一个个对手，摆脱了一个个困境，从而走向强大和辉煌。据有关资料显示，自微软公布鲍尔默接任CEO后，微软的财富就一直在直线上升。销售额由2000财年的230亿美元涨到了2004财年的368亿美元，其现金储备也增长了2倍。

有人说，盖茨好比是一个精明的掌柜，而鲍尔默则是一个忠实的管家，既为盖茨盘家也为他揽财，使微软一步步走向了成功。他不仅仅成就了盖茨的梦想，也成就了无数个微软的千万富翁……

由此可见，在市场竞争越来越激烈的前提下，单打独斗的时代已经过去。没有人，也不可能有人能依靠一己之力获得某项事业的成功。因为任何的成功都不会是孤立产生的，即使聪明绝顶的人，也离不开他人的鼓励和支持。这或许就是“共生效应”的最好体现。

过桥抽板效应：敢于放手一搏就能成功

心理扫描

做一件不能轻易实现的事之前，很多人会想着先给自己留一条退路，这当然是为了人生的稳妥，更是一种保险的做法。但是，当一个人有了后路的稳妥，就会在心理上少一份前进的锐气。人随时会因为自己还有一条退路而轻易折戟而返。让自己无路可退，你才会懂得勇往直前！

世界成功学鼻祖拿破仑·希尔，在他全球畅销几千万册的《思考致富》中，曾经提出了这样一个成功学理念“过桥抽板”。他所倡导的“过桥抽板”告诉我们这样一个心理认识：在做一件不能轻易实现的事情时，最好把自己的退路切断，让自己无路可退。这样才能激发自己所有的潜力，调动所有的激情，义无返顾，勇往直前，坚持到底。后来，人们将其称为过桥抽板效应。

生活中，很多人渴望生活得更好，但却找不到幸福之门；他们渴望人生成功，却找不到成功的方法。尽管失意和贫穷笼罩着他们的生活，但他们仍然安于现状，生活在隐忍和无奈之中。

生活的状态有很多种，而这种“将就”地活着是最低级的一种，因为你要是对人生有了一份将就，人生就会缺少进取和财富，生活就会少几分尊严，也缺乏快乐和幸福，更谈不上人生有所成就。

既然我们什么都没有，而又渴望成功，那还顾忌什么呢？拿出勇气，放手一搏！失败了，你还是过着最差生活的你；成功了，你就改变了自己的命运。所以说，与其苟且偷生，何不放手一搏？这样，你不仅会改变生活，更可以成就人生。

一口枯井里住着三只蛤蟆，一大两小。井里只剩一滩污水，还有偶然闯入井里的飞虫，只有这些让它们维持着生命。最可怜的是两只小蛤蟆，不仅日子穷苦，而且还时常受大蛤蟆的欺负。

一天，大蛤蟆又欺负了两只小蛤蟆。一只小蛤蟆对另一只小蛤蟆商量说："我想离开这儿，不然，我们永远没有出头之日。"

另一只小蛤蟆说："兄弟呀，我也知道这儿的日子不好过，但水还是够用的，偶尔还有飞虫进来，虽然我们经常受欺负，但至少还可以活命呀。"

"不，我想离开这儿！"小蛤蟆说。

"别妄想了，知道外面的世界是个什么样子吗？说不定还不如这儿呢！再说，你惟一可以出去的办法，就是跳到人类的打水桶里，人或许会把你捉住，还不知道会对你怎么样呢！"另一只小蛤蟆说。

小蛤蟆没有说话。

一天，一位农夫从井里打水浇地，小蛤蟆毅然跳到放进井里的打水桶里。善良的农夫没有为难这只可爱的小蛤蟆，将它放到了田野里。

田野里风光无限，小蛤蟆过着快乐的生活。而在井里的那只小蛤蟆，依然守着一滩污水，继续过着食不果腹、饱受欺凌的日子。

生活中，有些人的境遇就像那两只小蛤蟆，但当一部分人在抱怨时乖运蹇、犹豫彷徨之时，另一部分人已经开始振作精神、放手一搏。于是，前一类人继续过着毫无生气的生活，后一些人却成了最大的赢家。

我们把这种放手一搏的做法称之为闯，这是改变自己命运的秘诀。俗话说："人要闯，马要放。"每个人的一生都不可能是风平浪静、一路平坦的，会遇到许多的坎坷和困难，若不去正视与克服这些关隘，就会彻底地堵塞通往成功的大路，而克服这些困难就需要我们具备闯的精神。另一方面，很多人没有多少成功经验，只能在摸索中前行，于是，放手一搏便是通向成功的必经之路。

第三辑

利用苦难的背面

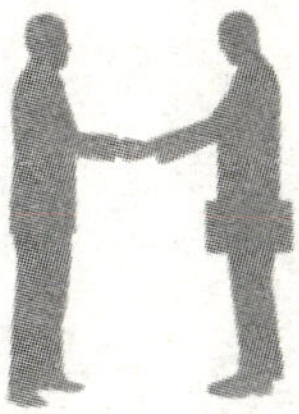

苦难会给人带来厄运，所以，人们都不喜欢苦难。但是，当苦难不可避免地来临的时候，只有愚蠢的人会将苦难变成灾难，聪明的人会把苦难当成磨练、当成机会——这是苦难的背面。两者之间的差别就在于：前者深陷人性的盲点，后者远离了人性的盲点。

墨菲定律：出错是必然的

心理扫描

你有没有这样的经历：去做一件事，本来计划周全，能做到万无一失，但最终还是出了错，导致满盘皆输。很多人认为是自己的运气不好，是天意。其实不是这样，因为出错是难免的，而改正错误是一个人必须要做的事。

墨菲定律诞生于20世纪中叶的美国。1949年，一位名叫墨菲的空军上尉，对他的某位运气不太好的同事随口开了句玩笑：如果一件事有可能被做坏，让他去做就一定会更坏。这句话在迅速扩散于世界各地的过程中，演变的最流行的一种版本就是：如果坏事情有可能发生，不管这种可能性有多小，它总会发生，并引起最大可能的损失。这就是著名的“墨菲定律”。

正如同西方人注意到的一件经典怪事：

早餐时，在餐桌上的面包片，如果不小心掉下去，大部分情况下总是涂了奶油的一面着地，弄脏面包是小事，弄脏地板可实在烦人。1995年，爱好数学的英国记者马修斯借助自己擅长的数学工具，运用力学原理建立了一个数学模型。模拟计算的结果是：地板必定会被弄脏，客观原因是地球引力、餐桌的高度和面包片被碰出桌边的水平速度三者联合作用，使面包片在落地的过程中刚好翻转180度，结果就是涂奶油的那一面弄脏地板。

因为人们的不小心触碰，就不得不接受那块恶意的面包片。它告诉我们：不管你愿意与否，出错是必然发生的事情。与错误共生，是人无法回避的状况。解决问题的手段越高明，面临的麻烦就越严重。

尽管老祖宗留下"失败是成功之母"，"吃一堑长一智"等诸如此类的至理名言。但在实际生活中，大多数人受自小教育制度的影响，认为"犯错是坏事"。因为错误与失败本身并不能给成功带来好处，很多思维狭隘的人也会认为：失败是一件坏事情。但是一个人从小到大，犯错和遭遇失败都是不可避免的。世界没有永远的赢家，胜者不会常胜，败者不会常败，这当中如何转化，如何让成功在失败之后来到自己的身边，取决于一个人对错误的态度和改正的方法。

英国有句谚语说得好：不要对打翻的牛奶哭泣。我们完全可以将不可避免的失败变成成功的前奏。一次重大的失败，往往预示一次重大的变革，一次取得更大成功的机遇。只有在失败后发现等价值的利益，我们才会同意：害怕犯错，拒绝失败，就是拒绝成功。

重要的是客观辨证地面对失败，从自己的不足中得到教益，对自己的力量重新估价，充分发挥自己的优势，继而找到自己新的位置。有这样一则寓言：

有三只青蛙不小心掉进鲜奶桶里。第一只青蛙说："这是神的意志。"于是，它盘起后腿，等待着。第二只青蛙说："这桶太深了，没有希望了。"第三只青蛙说："糟糕，怎会掉到鲜奶桶里，幸亏我的后腿还能跳。"于是，它奋力往上跳起来，一边在奶里划，一边跳，慢慢地，它觉得自己的后腿碰到了硬硬的东西，原来是鲜奶在青蛙后腿的搅拌下，渐渐变成了奶油。凭着奶油的支撑，这只青蛙奋力一跳，跳出了奶桶。

人的一生就是一个不断犯错和改错的过程。害怕犯错，就会停滞不前，而停滞不前，同样是个错误。错误提供了获取新知识的机会。真正睿智的人，明白在世间搏杀，需要谨慎更要勇气，小心翼翼不敢向前当然可以少犯错误，但也会失去很多成功的机会。在失败中可以学习许多宝贵教训，对自己的力量重新估价，在经营决策和经营方式方面，进行认真分析研究，扬长避短，充分发挥优势，最后打败对手；或者转向其他领域，找到自己的正确位置，这都是最后的成功所不可缺少的。

中国有句古语：塞翁失马，焉知非福。意喻幸与不幸，从来都是相伴相随。成功与失败，也是同样道理。很多人都希望通过少犯错误达到成功。概率论告诉我们，无论一件事成功的几率是多低，只要我们尝试的次数越多，成功的机会就越高。正如同一位成功者所说："假如你想打中，先要有打不中的准备。"

斯万高利效应：不要被挫折吓倒

心理扫描

当一个人第一次失败，他会继续努力；当第二次失败，甚至是第三次、第四次失败后，他依然会不屈不挠地和失败抗争。但是，很多人在自己第五次甚至不到第五次失败，就会彻底失去继续努力的信心和勇气——他在心里就会产生这样的绝望：自己是不会成功的。其实，失败只能代表失败的"那一次"，不能说明"下一次"还会失败，所以，不要被失败吓倒，那样才会拥有成功的"下一次"。

人在遭受挫折的时候，看事情必然笼罩一层阴影，判断常常失真。

如果你在情绪欠佳时，能反躬自省，分析一下自己的所为，养成监督自己的习惯后，会对你有所帮助。心理治疗家认为判断失真是形成忧郁的症结。

一位内向的男士好不容易鼓足勇气约会一位姑娘，由于早已另有安排，姑娘婉言谢绝。于是他思忖道："我再也不同别人约会了，没有姑娘愿意同我约会。我的一生将在孤独和寂寞中度过。"在他扭曲的判断中，认为他将会遭到所有女性的拒绝。这个经典的举例被称为斯万高利效应。当你以偏概全做判断时，就是斯万高利效应在起作用。

在美国的亚利桑那州博览会上曾展示出一副名叫"斯万高利"的魔牌。表演者可以先让观众看清楚每一张牌都是不同的，然后让你随便抽出一张，假如你抽的牌是红桃A，你没有告诉表演者所抽到的是什么牌，然后又把红桃A放回到整副牌中，表演者任意洗牌后，大叫一声"斯万高利"，当牌再次摊开时，每一张牌都变成了红桃A。这就是斯万高利效应的由来。

在社会生活中，个人遭受挫折后，没有及时化解，而是任挫折感在脑中像红桃A那样自由泛滥，最终使自己时时、事事皆带上挫折感，这就是心理上的斯万高利效应，即挫折情绪的泛化。

面对挫折，不要彷徨，甚至萌生退意。人的一生因经历无数挫折，才变得缤纷多彩。纵观历史伟人，绝大多数都是经受住挫折的考验，才铸造出辉煌的人生。

南朝祖冲之，在落后简陋的条件下，靠小竹片进行大量复杂的计算，历经无数次失败，成为世界上第一个把圆周率精确到小数点后第七位的人。法国作家小仲马，不靠其父之名，要用自己的实力取得成就，一次次往报社投稿，却都被退回来，但他没有因此而退缩，仍坚持创作，经过不懈的努力，最终完成成名之作《茶花女》。

如果祖冲之对于繁琐的计算、屡次的失败，而选择放弃，能在数学领域取得如此成就吗？如果小仲马无法面对一次次退稿的打击，放弃写作，会有《茶花女》这部著作问世吗？罗曼·罗兰说过："每个人心中都应有两盏灯光，一盏是希望的灯光，一盏是勇气的灯光。有了这两盏灯光，就不怕海上的黑暗和风涛的险恶了。"是啊，人生历程犹如过河，在河上航行，不可能一路都是风和日丽，波涛翻滚的颠簸是很正常的。虽然每个人的掌舵技术各不相同，但都要搏一搏。当走完一路坎坷，到达胜利的终点，蓦然回首，你会发觉自己的心变得坚强而丰满，这就是挫折给予的磨练。面对挫折，用希望与勇气去战胜它，铸造一个丰富而充实的人生！

蘑菇定律：耐住寂寞才能有出头之日

心理扫描

很多人都希望自己能以最快的速度出人头地，殊不知，任何成功都会有个过程。任何人在获得成功之前都会有一个磨练自己的过程，可以说，没经历苦难，就不会有真正的成功。所以，在获取成功的路上，我们一定要打消不切实际的幻想，从而更理性地思考、处理问题。

蘑菇长在阴暗角落，得不到阳光，也没有肥料，处于自生自灭的状态，只有长到足够高才开始被人关注，可此时它自己已经能够接受阳光。20个世纪70年代一批年轻的电脑程序员编写了"蘑菇定律"，这些天马行空、独来独往的人早已习惯人们的误解。"蘑菇定律"指的是初入社会者因为特长没有显现出来，只好被安排在不受重视的部门干跑腿打杂的工作，就像蘑菇总是被置于阴暗的角落；要受到无端的批评、指责、代人受过，就像蘑菇总是莫名其妙地被浇上一头大粪；得不到必要的指导提携，就像蘑菇自生自灭。

既然"蘑菇"的经历不可避免，重要的是怎么认识并尽快改变。

许多年前，一个妙龄少女来到东京帝国酒店当服务员。她将在这里正式踏入社会，迈出人生第一步，这实际是她涉世之初的第一份工作。因此她很激动，下定决心：一定好好干！但她想不到上司安排她洗厕所！她从未干过这么粗重的活，细皮嫩肉、喜爱干净的她受得了吗？洗厕所在视觉、嗅觉及体力上都使她难以承受，尤其心理暗示的作用更使她难以忍受。当她用白皙细嫩的手拿着抹布伸向马桶时，胃立刻起反应，翻江倒海，恶心得难受。偏偏上司对她的工作标准要求特高：必须把马桶洗得光洁如新！她当然明白"光洁如新"的含义，她当然更清楚自己不适应洗厕所，真的难以实现"光洁如新"这一高标准。为此，她陷入深深的困惑、苦恼中。

这时，她不得不面临踏入社会的第一步如何走下去的抉择：继续干下去，对她这样一个年轻女孩实在太难；另谋职业，知难而退，人生之路轻易败退会给自己的将来留下阴影。她不甘心这样败下阵来，因为她记得自己初来时下的决心：踏入社会第一步一定要走好。正在这关键时刻，单位一位资深前辈及时出现在她面前，他一遍遍擦洗马桶，直到擦得光洁如新；然后，他从马桶里盛了一杯水，竟然毫不勉强地一饮而尽。实际行动胜过千言万语，他用行动告诉这个花季少女一个极为朴素、简单的真理：光洁如新，在于"新"，新则不脏，因为不会有人认为新马桶脏，新马桶中的水是不脏的，是可以喝的；反过来讲，只有让马桶中的水达到可以喝的程度，才算是把马桶洗得"光洁如新"了，而这一点已被证明可以办到。同时，他送她一个含蓄、鼓励的微笑。是啊，他帮她摆脱了困惑，告诉了她如何迈好踏入社会的第一步。少女惊得目瞪口呆、热泪盈眶，从此后痛下决心："就算一生洗厕所，也要做个洗厕所最出色的人！"

从此，她全心投入，工作质量也达到了前辈的高水平。为了强化自信心、敬业心；她也多次喝过厕水。从漂亮地迈好踏入社会的第一步后，她开始了不断走向成功的人生历程。几十年光阴流走，如今的她已经从洗厕工成为日本政府的邮政大臣——野田圣子。野田圣子坚定不移的人生信念，表现在她强烈的敬业心："就算一生洗厕所，也要做一名洗厕所最出色的人。"这就是她成功的奥秘。

做任何事业，初入门时当一段时间的"蘑菇"可以打消自己不切实际的幻想，从而使自己更理性地思考、处理问题。应当注意的是，这一过程不可过长，时间太长便会使蘑菇消极退化乃至枯萎，须知不被关爱是对自己成长的抑制。尽快吸取经验、成熟，才能成功走过生命中这一段。

二八定律：要学会抓住最重要的人或事

心理扫描

有些人在同时面对很多要做的事情的时候，总想力争把每件事都做好，结果分散了自己的精力，一件事也没做好；有些人在同时面对很多选择的时候，往往想抓住所有的机会，结果一个也没有抓住。于是，很多人有这样的困惑：自己不是不够努力，也不缺少机会，可是，自己为什么得不到满意的结果呢？问题出在哪里呢？

1897年，意大利经济学家帕列托在对19世纪英国社会各阶层的财富和收益统计分析时发现：80%的社会财富集中在20%的人手里，而80%的人只拥有社会财富的20%，这就是“二八法则”，也叫帕列托法则。让帕列托兴奋的是，这种在统计学上有准确性的不平衡模式会反复出现。

虽然是帕列托最先发现二八法则，但是直到“二战”后，该法则才引起世界性轰动。

1949年，哈佛大学语言学教授吉普夫发现“最省力法则”。他认为：资源总是会自我调整，目的是使工作量减少。而大约20%～30%的资源，与70%～80%的资源活动有关。事实上，该法则是对二八法则的重新发现与解释。

罗马尼亚裔的美国工程师朱伦通过自己的分析和研究，发现在产品品质中隐含的二八法则。在他的倡导和实践下，二八法则广为人知，并成为全球品质革命的中心思想。

“二八法则”反应了一种不平衡性，但它却在社会、经济及生活中无处不在。

在商品营销中，商家往往会认为所有顾客一样重要；所有生意、每一种产品都必须付出相同的努力，所有机会都必须抓住。而“二八法则”恰恰指出了在原因和结果、投入和产出、努力和报酬之间存在这样一种典型的不平衡现象：80%的成绩，归功于20%的努力；市场上80%的产品可能是20%的企业生产的；20%的顾客可能给商家带来80%的利润。

遵循“二八法则”，一个人应该选择在几件事上追求卓越，而不必强求在每件事上都有好的表现；锁定少数能完成的人生目标，而不必追求所有的机会。

那么，一个人如何抓住最重要的人或事呢？

一个人要想做好某件事，就应该专心。而能不能全身心地投入去做，是检验一个人对事情专心程度的标准之一。专注是一个人做好任何一件事情的前提！人是不能一心二用的，同一时间，人的注意力不可能对周围的所有事物都产生清晰的、深刻的反映，它只能定向地、明确地注意到某一事物。所以，对一种事物的高度兴趣，是我们了解它并对它专注的巨大动力。

在繁华的大都市纽约，人潮汹涌，在纽约车站更是这样，恐怕世界上最紧张的地方要数那个只有10平方米的纽约中央车站问事处了。来自四面八方的旅客都争着询问自己的问题，都非常迫切地想知道答案。因此，对于问事处的人来说，他们的工作压力和紧张程度可想而知。可令人诧异的是柜台后面的那位服务人员一点也不紧张。他身材瘦小，一副文文弱弱的样子，倒是显得有些自然轻松，镇定自若。

此时，他对面的一位旅客，全身已被汗水湿透，脸上充满焦虑和不安的神色。这位问事处的先生倾斜着上身，几乎是竖着耳朵，以便听清她的声音。“夫人，你想要问什么？”他抬起头把目光锁定这位妇女，“你要去哪里呢？”这时有一位打扮入时、提着皮箱，头戴昂贵帽子的男子，试图插个话。但这个问事员丝毫不理，就当他不存在似的，还是继续着和那位妇人的话题：“你要去哪里呢？夫人。”“春田。”“是位于俄亥俄州的春田吗？”“不，是马萨诸塞州的春田。”他根本不用看列车时刻表，直接说：“那趟车在10分钟之内，第15号站台出发。你根本不着急，不用跑，时间还来得及。”“是15号站台吗？”“是的，夫人。”

女旅客刚走，这位先生又把注意力集中到另一位旅客身上，即戴着昂贵帽子的那位。但这时，那位妇女又回头过来问这位服务员：“你刚才说的是15号站台吗？”这一次，这位服务人员对她的提问不再做任何解释了。

有人请教这位服务人员：“面对汹涌的人流，你是怎么样做到保持冷静的呢？”他这样回答：“我并不是在和公众打交道，只是在单纯地处理一位旅客，处理完一位，再换下一位，在一天当中，我一次只能为一个旅客服务。”

他的话说得多么精彩，“一次只为一位旅客服务”。这和“一次只做一件事”有着异曲同工之妙。一次只做一件事，可以使我们的心平静下来，心无旁骛，集中精力把事情做好。如果是好高骛远，见异思迁，除了心烦意乱之外，就好像掰玉米的猴子，掰一个扔一个，到头来两手空空，一无所有。

一次只做一件事，有如炸药，集于一点的爆炸效果才惊人。人生的问题，其实并不怕多，怕的是混乱，如果把有限的精力分散到太多的事情上，那样会疲于奔命，效率低下，徒增无穷的烦恼。

因此，我们做事的时候，把自己的精力集中到最重要的事情上来，尽可能地清除掉一切产生压力或分散注意力的阻碍和想法。如果我们能够逐步培养自身的这种能力，人生一定会变得更加精彩！

当你忙得不可开交，甚至感到顾此失彼、忙于应付的时候，最好审视一下自己的手段和方法是否对头？是否需要进行一些必要的调整？学会对自己做一个正确的评估，掌握自己的优势，找准自己的方向，抓住最重要的人或事，从而轻松迈向成功。

淬火效应：挫折让人变得更强大

心理扫描

苦难和挫折会摧毁一个人，所以很多人在心理上会将遭遇挫折当成一种厄运。当无法避免这种厄运时，很多人会选择在厄运之前沉沦。但是，遭遇厄运不是一个人一蹶不振的理由，因为苦难和挫折能成为磨练人意志的工具，让人的内心变得更强大。

金属工件加热到一定温度后，浸入冷却剂（油、水等）中，经过冷却处理，工件的性能更好、更稳定。人也是这样，只有在挫折中锻炼，其心理才会更趋成熟，才会变得更强大。人们把这称为“淬火效应”。

人的一生中正确与错误相伴，成功与失败交织，每个人为了生存下去，必须经过严酷竞争的考验，稍有不慎，就有被淘汰出局的可能。成功与失败代表了人生的两个极端，但它们只隔咫尺，结果却有天壤之别，而它们又是如此的紧密联系，转换只在瞬间。没有永远的成功者，也没有永远的失败者。那些既经得起成功又经得起失败的人，才是真正的成功者。美国汽车工业巨子福特曾经说过，他更愿意聘用那些有失败经历的人，没有遭受失败和挫折考验的人，他从来不敢委以大任。

有一位哲人说得很正确：成功是没有平坦的道路可走的，只有勇于面对挫折的人，才能到达胜利的彼岸。

美国的西南部是大面积的沙漠，无数的农庄被沙尘摧毁了，无数的人被迫流离失所。沙尘日复一日，年复一年地吞噬着农庄，人类也与其进行了不断的战斗。

有一个20岁的年轻人名叫吉姆，他的父母与沙尘暴抗争了一生。父母去世后，家里的担子便落在他的肩上。直到有一天，家里一粒粮食也没有了，他和妹妹马上要饿肚子了，吉姆满面愁容地坐在院子里，无计可施。

这时，他年幼的妹妹走了过来，身边还跟着她的一个好朋友。

妹妹希望吉姆给她一毛钱，去店里买饼干吃。

吉姆沉默了很久，他实在找不到任何一个拒绝妹妹的理由，但他确实没有一毛钱。

晚上，吉姆躺在床上翻来覆去睡不着，妹妹那失望的眼神总是在眼前晃来晃去。从小到大，他就经历着沙尘的考验，中间还经历了丧失父母的痛苦……但没有一次像今天这样，为了微不足道的一毛钱，他居然让年幼的妹妹失望，难道自己就这么无能吗……吉姆想了很久，他下定决心要改变这一切，并想出了整个行动计划。

吉姆的理想是当一名教师。父母去世之后，他为了打理农场，而留在了家中。然而沙尘暴的肆虐，靠农场已无法维持生活，他必须找一份工作来维持生计。

第二天，吉姆去镇上给自己找了一份临时的工作。从此他白天上班，晚上便找来许多书，一直读到深夜，他希望在自己的努力下，有一天能得到他真正想要的工作——当一名教员。在他辛苦地努力下，他的目标终于得以实现——他在一间乡村学校找到了一份教师的工作。他终于如愿以偿。

对于那些整天叫嚷着“为什么会发生在我身上”的人来说，只能给他们一个答案：“为什么不呢？”人生在世，每个人都必然要经历一些苦难，就像人生要经历许多喜怒哀乐一样。但是，生活会让你明白：在经历苦难考验的时候，人与人之间都是平等的。不管你是帝王将相，还是平民百姓，面对苦难、伤痛、失落所承受的折磨都是一样的。一个意志坚强的人，本身就有着强大的创造力，他们不会等着别人帮助、等着别人拉扯一把、等着别人的钱财，或是等着运气的降临。他们会抛弃身边的任何一根拐杖，破釜沉舟，依靠自己，赢得最后的胜利。所以，要使自己的生命具有特殊意义，与众不同，充满精彩，就必须以坚强的意志，承受考验。无论要面临多少艰难曲折，决不放弃成功的希望和理想。

青蛙法则：忍受委屈才会赢得人心

心理扫描

面对欺辱和委屈，有些人会说：我不会装孙子，谁让我受委屈，我就让谁好看。是呀，这样做的确能让你获得心理平衡，可是，你会因此毁了自己。遭受委屈，发泄不一定是最好的选择，学会忍受也未尝不可。因为忍受会让一个人产生进取的力量。

青蛙法则是指经历过挫折且能重新站立起来，勇敢走出困境。源于奥城良治的经历：

奥城良治童年时，在田埂间发现一只蹲在地上休息的青蛙。顽皮的他向青蛙的眼睑撒了一泡尿，却发现青蛙的眼睑非但没有闭起来，还是一直张着。长大后的奥城良治从事汽车销售工作，遇到无数次客户拒绝，但他从童年的田埂青蛙受到启发，故而毫不气馁，每天坚持拜访100个潜在客户，终于连续16年荣登日本日产汽车销售冠军。

奥城良治认为客户的拒绝犹如撒尿在青蛙的眼睑，要像青蛙那样逆来顺受，张眼耐心面对折磨你的人，这就是“青蛙法则”。

生活中难免会遇到不顺心的事儿：本来就是领导的错，怎么无端地怪自己呢？同事做不好，为什么自己要承担错误？其他人都不愿意做的事情干吗让我来做？当你遇见这些情况的时候，是忍受委屈还是发泄出来呢？

武大定终于找到了一个他很喜欢的单位。有天单位马桶出现问题，因为自己是办公室里的小字辈，又是新来的员工，武大定就义不容辞地去帮着修理。

同事看到武大定为人淳朴，都喜欢亲近他，和他交往，武大定很高兴。可是马桶老出问题，刚开始武大定还很勤快地帮着去修，可是到最后也有点不耐烦了，就不去修理了。这下可好，只要马桶有问题，大家就喊："武大定，马桶坏了，你赶快去修一下呀"，"武大定，怎么搞的，马桶坏了你也不去修"。

"难道自己是来公司修马桶的吗？不给他们点颜色看看就太欺负人了。"时间长了，武大定实在是忍受不了这份委屈了，他一边将手中的笔狠狠地摔在桌子上一边愤愤地向喊他的同事回道："我可不是马桶修理工，凭什么让我做这么低贱的活儿？以后不要把我当孙子用。"

人生在世，注定要受许多委屈，有的委屈很小，有的委屈很大。有时候，能不能获得事业的成功，就看你对委屈的态度。应该说，一个人越能忍受委屈，他获得的正面的东西就越多。

白隐禅师一个人过着平静而随和的生活，人们都说他佛法无边，是个得道的高僧。

有一次，白隐禅师家附近的一个女孩子没有结婚却怀了孕。她的父母知道这件事之后，非常生气，逼着女儿说出孩子的父亲是谁，并且发誓一定要严惩那个不知羞耻的坏家伙。

那个女孩死活不肯说，但在父母的一再逼迫下，她不得已说出孩子的父亲是白隐禅师。

女孩的父母听了，简直就是怒火中烧，急忙去找白隐禅师理论，说："平日里你是一位品德高尚的僧人，没想到你居然做出这般无耻的事来！既然做了，就要负起责任，这个孩子你自己养吧！"

白隐禅师只说了一句："是这样的吗？"便答应把孩子收留下来，自己抚养。

孩子出生后，白隐禅师负责照顾他。白隐禅师从邻居那里求来了牛奶、食物和一切小孩需要的东西，尽自己最大的努力照顾那个孩子，不管别人用怎样的眼光来看待自己。尽管有的邻居并不认为禅师会做出这种事，但是闲言碎语总是少不了的，白隐禅师却置若罔闻，仍然平静地过着日子，平静地照看小孩。

转眼一年过去了，那个孩子的妈妈，就是当年那个女孩，因为对白隐禅师的愧疚和无法忍耐思念孩子的痛苦，就将实情告诉了她的父母——孩子的父亲不是白隐，而是一个贫寒的年轻人，他们两个相爱已经很多年了，可是担心父母不会答应他们结婚，不得已才做出这种事情的。知道自己怀孕后，女孩因为害怕而不敢把她与那个贫穷青年相爱的事说出来，为了给父母一个交待，就诬陷了白隐禅师。

女孩的父母得到事情的真相后，痛斥她不该这样毁人名誉，尤其是一位出家人。于是他们立刻去找白隐禅师，把事情的真相告诉了他，并向他表示了深深的歉意，请求他的宽恕，然后就把孩子带走了。

白隐禅师把孩子还给他们的时候，还是平静地说了一句话："是这样的吗？"而关于这一年来蒙受的不白之冤以及照看孩子的辛苦，他只字不提。

面对这么大的冤枉，白隐禅师的内心是如此平静，难怪他能得到人们的敬重。在生活中，委屈在所难免。别泄气，千万要控制自己的情绪，学会用一种平静应对委屈，这样，你就会成为一个成功的人。

半途效应：执着才能打破人生的堡垒

心理扫描

一个人想有自己的事业，就要坚持下去，这样才能取得成功。人天生就有一种难以摆脱的惰性，所以在干什么事时常常会浅尝辄止、半途而废，在前进的道路上遇到障碍和挫折时，便会灰心丧气、畏缩不前。这也和走路行进一样，大多数人都有愿意走平坦的下坡路，而不喜欢艰难的上坡路的心理，这也是人之所以常常见了困难绕着走的深层原因。

半途效应是指在激励过程中达到半途时，由于心理因素及环境因素的交互作用而导致的对于目标行为的一种负面影响。大量的事实表明，人的目标行为的中止期多发生在“半途”附近，这是一个极其敏感和脆弱的活跃区域。导致半途效应的原因主要有两个：一是目标选择的不合理性，目标选择的越不合理越容易出现半途效应；二是个人的意志力弱，意志力越弱的人越容易出现半途效应。

许多人之所以没有收获，主要原因就是在最需要下大力气、花大工夫，毫不懈怠地坚持下去时，他却停止了努力。千里之行，弃于脚下，成功从此与他无缘。

亨利·毕克斯特恩出生在威斯特麦兰郡的克拜伦德尔地区，父亲是一个小有名气的外科医生。亨利一开始并没有什么新的打算，只是准备继承父业。在爱丁堡求学期间，他对医学研究专心致志，从不动摇，周围的人都很佩服他的坚韧刻苦。后来他回到家乡从事医生这一职业。

随着时间的流逝，他对这门职业渐渐地失去了兴趣，对眼前小镇的闭塞与落后也日益不满。这时，他对生理学发生了兴趣，并有了自己的思考，十分渴望进一步提高自己。

父亲完全赞成亨利的愿望，于是把他送到了剑桥大学，让他在这个世界闻名的大学进一步深造。不幸的是，过分的用功严重地损害了他的身体。为了恢复健康，作为一个医生，他接受了一项职务——去活德奥克斯福德当一位旅行医生。在此期间，他掌握了意大利语，并对意大利文学产生了浓厚的兴趣，对医学的兴趣反而越来越淡。很快，他就坚决地放弃了医学，决心攻读其他学科的学位。经过一段时间的努力，他成了当年剑桥大学数学学位考试一等及格者。

毕业之后，他未能如愿进入军界，只得进入律师界。但作为一位刚刚毕业的学生，他进了内殿法学协会，拿出以往学习的劲头，刻苦地钻研法律。他在给他父亲的信中写道："每一个人都对我说：'你一定会成功——以你这非凡的毅力。'尽管我不明白将来会是什么样子，但有一点我敢相信：只要我用心去干一件事，我是决不会失败的。"

28 岁那年，他被招聘进入律师界，但生活的道路要靠自己去开辟。这时他经济十分拮据。主要靠朋友们的捐赠过日子。他潜心研究和等待了多年，但还是没有生意。日子一天比一天难熬，他不得不在各方面省吃俭用，不要说娱乐，就是连最必需的衣服、食物他都已紧缩到不能再紧缩的地步。他写信给家里，承认他自己也不知道能再坚持多久，他自己都怀疑能否等到开业的机会。

3 年时间一晃而过，他苦苦地等待仍然没有结果。"律师这碗饭不是那么好吃的"，他写信告诉自己的朋友们，他再也不能成为别人的负担了。他想放弃这里的一切回到剑桥去，在那里他相信自己能找到谋生的办法。家人和朋友给他寄来了一小笔汇款，鼓励他不要灰心。亨利又挺了一段日子，生意终于慢慢来了。他在办一些小案子时表现很好，很守信用，于是他的工作渐渐有了起色。人们开始把一些大宗案子交给他办。

亨利是一个从不放过任何机会的人，当然，他也从不放过任何一个提高自己的机会。他数年的孜孜追求终于迎来了丰收的一天。几年之后，他不仅不需要家里的帮助，而且可[illegible]一些旧债。乌云终于散去，好运光临头顶。亨利·毕克斯特恩的大名意味着荣誉、财富和才华。他终于成了一位声名显赫的主事官，以蓝格德尔贵族的身份坐在上议院中。

人会不会成功，关键就是看在困难面前能不能坚持，坚持下去就是胜利，半途而废则前功尽弃。那些具有非凡毅力、顽强意志的人，凭着自己不屈不挠的执着追求，一定会走出属于自己的成功之路。

马蝇效应：感谢打击折磨你的人

心理扫描

在生活中，你常常会遭遇很多不快和打击，对手对你的攻击，世事对你的刺激，上天对你的不公……这些时刻让你的内心受着折磨。但是，不可否认，成功者往往都是在巨大的折磨中诞生的，他们把折磨当成一种历练，把折磨当成一种激励，把折磨当成一种教训……可以这么说，折磨是人生的涅槃。

美国前总统林肯讲过这样一个小故事：

“有一次，我和我的兄弟在肯塔基老家的一个农场犁玉米地，我吆马，他扶犁。这匹马很懒，但有一段时间它却在地里跑得飞快，连我这两条长腿都差点跟不上。到了地头，我发现有一只很大的马蝇叮在它身上，于是我就把马蝇打落了。我的兄弟问我：'为什么要打掉它？'我回答说：'我不忍心让这匹马那样受咬。'我的兄弟说：'哎呀，正是这家伙才使得马跑起来的嘛！'"利用"马蝇"促马飞跑，这是林肯发现的"马蝇效应"。

马蝇咬得越厉害，马儿就会跑得越快。所以"马蝇效应"真正的含义是："马蝇"促马飞跑，可见折磨是一种历练、一种激励、一种教训。

一个人往往是先被折磨，在折磨中获得成功的经验，然后才会有人生的辉煌。

爱因斯坦小时候显得十分木讷呆笨，学习成绩很差，孩子们私下里经常嘲笑他，认为他是一个"差劲的落伍生"，老师也认为小爱因斯坦是一个笨蛋，甚至对他的母亲说：你的儿子是个傻子，你还是领回去吧。最后，母亲成了爱因斯坦的启蒙者，使他成了世界上最伟大的科学家。

童第周在效实中学成为三年级的一个大龄插班生。由于他基础差，在第一学期，他的成绩是全班倒数第一，校风严厉的学校要他退学或留级，同学们嘲笑他是个超级笨蛋。但他那"一定要争气"的干劲，不仅使他在中学时的成绩后来居上，就是在国外留学期间也做出了让人刮目相看的研究成果。后来，他成了中国了不起的科学家。

李嘉诚在茶楼里当跑堂，每天天不亮就开门迎客，面对三教九流、达官贵人的冷眼和漠视，他还要强颜欢笑，迎来送往。但正是在这茶楼里练出了识人的眼力：一个人从事什么职业，什么性格、什么习惯、为人怎样，一见面就能猜出个八九不离十。这样的本领，对他后来的事业起到了很大的作用，使他最终登上香港首富的宝座。

毫无疑问，一个人能在折磨中成功，往往取决于在遭受折磨时的态度。爱因斯坦在伤害中没有放弃，童第周在嘲笑中争气，李嘉诚在苦难中历练自我……他们能正确地对待自己遭遇的折磨，同时，又是折磨激发了他们成功的品质。

饱受折磨的背后隐藏着未来的成功，折磨也是人生需要的，它和成功一样有价值。因此，在生活中，当遭受批评、伤害、欺负、背叛、欺骗、责罚、讽刺等折磨时，不要愤恨、抱怨，更不要以牙还牙。相反，要感谢那些折磨你的人。因为伤害你的人，是他让你变得坚强；欺骗你的人，是他让你学会了辨别；欺负你的人，是他让你明白了抗争；批评你的人，是他让你有了进步；讽刺你的人，是他让你有了动力……

感谢那些折磨你的人，这不是阿Q的精神胜利法，这是一种成长；这不是一种退缩，这是一种成熟；这不是一种残酷，恰恰相反，这是成功最好的催化剂！道理很简单，伤害你的人往往会磨练你的意志。当你想放弃时，你会抱着坚持下去的信念，面对很多挫折，你会有更多不服输的精神……所以，如果说对你好的人是在“帮你成功”，那么折磨你的人是在“逼你成功”。只要在折磨中看到积极的一面，就会在折磨中走向成功。折磨是成功的阶梯，普通人会在折磨中涅槃。

拍球效应：让压力成为你的动力

心理扫描

好事往往会变成坏事，而不幸又可能蕴藏着好机会，关键在于你用什么样的心态去对待它。一个心态积极的人，总能看到充满希望的未来，总能看到美好的事情，总有更大的动力驱使自己前进。

爱好篮球的人都知道，拍篮球时，用的力越大，篮球就弹得越高。这就是“拍球效应”。拍球效应的寓意就是：承受的压力越大，人的潜能发挥程度越高；反之，承受的压力较轻，潜能发挥程度就较小。

“困难像弹簧，你弱它就强。”著名诗人里尔克也曾经说过，“有何胜利可言，挺住便是一切”，是的“挺住”便能拥有一切——人生就好比一场拳击比赛，充满了躲闪与出拳。如果足够幸运，只需一次机会、一记重拳而已，但首要的条件是你必须得顽强地站着，这就是“挺住”精神。那些渴望成功而又意志力薄弱的人应该时刻对自己说：“无论如何，我都要挺住！”特别是在面对人生的困境时。

每个人都有各种各样的压力，只不过每个人的社会背景、家庭状况、人生经历、职场境遇和压力的大小不同罢了。然而所有的压力都有一个共同的特性，那就是它惧怕你在它面前有所作为，并保持一颗快乐的心。

工作中最大的压力之一，就是停滞于低迷的状态而不能有所突破。处在低迷状态中的人，意志往往变得消沉，情绪也极易由于长期的压抑而产生出悲观来。那么，有什么办法能够摆脱对现状的不满，能够让自己重新扬起远航的风帆呢?

李丽香像所有的孩子一样，对生活充满无限的憧憬和遐想。6岁那年，就开始做起了当一位芭蕾舞演员的梦。

一天，李丽香对妈妈说："妈妈，我想跳芭蕾舞！"李丽香的妈妈又是惊喜又是担心："丽香，学习舞蹈是很辛苦的一件事，需要很努力地学习才可以哦。"李丽香坚决地说："我不怕。"

于是，一个阴雨连绵的星期六，妈妈带着小丽香报了名，可是事与愿违，由于体质太弱，她对大活动量的舞蹈并不适应，时不时就有一些小病小灾来纠缠她。最终，小丽香被迫放弃了对这项事业的追求。

小小的打击让小丽香很是伤心，可是妈妈对丽香说："哭泣是没有用的，条条大道通罗马，人生道路有很多种选择，只要坚持就会找到适合自己的梦想，不要被困难打倒。"

李丽香默默地点点头。

然而，命运之神好像在故意捉弄李丽香，8岁时，不幸的事再一次将她逼上越发痛苦的深渊。因为身体的缘故她不得不中断了童年时的学业。

一个又一个的打击，让李丽香非常伤心；一个又一个夜晚，李丽香常常流着无奈的泪盼着天明。妈妈心疼她，给她买了很多很多书，她只好终日坐在床上与书为伴。

一天，孤独的李丽香，偷偷地走上了大街，她想从车水马龙的街面上获取一点快乐。突然，她被一家图书馆吸引了，早已将课本读熟了的她，最渴望的莫过于书了。

她一头扎进了这家图书馆，整日泡在书堆里。刚刚9岁的李丽香，就开始了文学生涯。

失败不可怕，压力也不能阻止人们前进的步伐，跌倒了，爬起来，将失败踩在脚下，那么离成功就越来越近。

成功学家尼古拉斯·B.恩克尔曼曾为学员们上过一堂别开生面的成功课。在上课之前，他告诉学员这堂课的主讲人是一位“真正的成功者”。当尼古拉斯把那位先生介绍给学员时，学员们不禁有些失望，这位所谓的“成功者”不过是个退休的老水手。他头发花白，满脸刀刻般的皱纹，靠微薄的退休金生活。如果以金钱和地位衡量，老水手确实不能算成功人士，不过谁也无法否认他是一位成功的水手。他一生中不知经历过多少生死攸关的时刻，但全都凭着自己的勇气和经验化险为夷，这样的人无疑是值得尊敬的。不管他的航海经验对学员们的成功有没有帮助，至少他们不反对听他讲讲海上的惊险历程。

当老水手谈到海上的风暴时，尼古拉斯问学员们：“假设你们就是水手，当你们的船行驶在海上，突然遇到风暴，而你们一时又找不到停靠的港湾，你们会怎么办呢？”一位学员想了想，回答说：“我会立即返航，把船头掉转一百八十度，尽量远离风暴圈，我想这应该是最安全的方法了。”

老水手听了直摇头：“这样更危险，因为你的船不可能快过风暴。掉头返航，风暴还是会追上你的船，你这么做反而延长了你和风暴接触的时间。谁都知道，在风暴圈中待的时间越长就越危险。”

另一位学员说：“那么，我把船头向左或向右转九十度，能不能偏离风暴圈呢？”

老水手还是摇头：“还是不行，以船的侧面去面对风暴，增加了与风暴圈接触的面积，很容易翻船。”

学员们再也想不出别的办法来了，于是问老水手：“既然这些办法都不行，那么你是怎么做的呢？”

老水手说：“办法只有一个，就是稳住舵轮，让你的船头迎着风暴前进！只有这样才能尽量减少与风暴接触的面积，同时由于你的船与风暴相对行驶，两者的速度相加，可以缩短与风暴圈接触的时间。你很快就会冲出风暴圈，重新看到一片阳光明媚的晴天。”

“这就是成功学理论中最精彩的部分！”尼古拉斯对学员们说：“我们面对的各种压力就像海上的风暴，当退却和避让都无济于事时，克服它的最好办法就是迎着它前进。”

由此可见，面对困难，化压力为动力，迎面直上，才是克服它的最有效方法。美国最伟大的推销员弗兰克说：“如果你是懦夫，那你就是自己最大的敌人；如果你是勇士，那压力就是你自己最好的朋友。”

第四辑

卸除痛苦的枷锁

人们常说：快乐就在转弯处。换句话就是说，当你破除了人性的盲点，你就会变得快乐——一切不愉快仅仅是因为心理认识的细微差异。人性的盲点犹如痛苦枷锁的钮扣，扫除这个盲点，就能卸除痛苦的枷锁。

海格力斯效应：少一点愤怒多一些快乐

心理扫描

退一步海阔天空，有时候，换个思维想一想，对于生活中一些无关紧要的小事，愤怒实在是没有必要，凡事总能找到解决的途径，愤怒只会让事情陷入僵局。正如一句俗语：一个愤怒的人对着围满镜子的四周咆哮不已，结果镜子里所有的人都向他龇牙咧嘴。

人生在世，人际间或群体间的摩擦、误解乃至纠葛恩怨总是在所难免，如果肩上扛着“仇恨袋”，心中装着“仇恨袋”，生活只会是如负重登山、举步维艰，最后，只会堵死自己的路。这就是海格力斯效应。

海格力斯效应会使人陷入无休止的烦恼之中，错过人生中许多美丽的风景，再没有真正的快乐，再没有新的进步。“以眼还眼，以牙还牙”，“以其人之道还治其人之身”，“你跟我过不去，我也让你不痛快”。这是一种人际间或群体间存在的冤冤相报，致使仇恨越来越深的社会心理效应。

可是，人和人相处，难免会有一些摩擦和磕碰，面对他人所做的一切让你痛苦的事。愤怒是于事无补的，它会让你失去理智，丧失冷静。要想处理得好，就应该学会谅解，要用忍让来代替愤怒，忍一时风平浪静，退一步海阔天空。这样，你就会不生气，你的生活也能多一些快乐。

心理学家认为：心存怨气的人会发怒，如果怒气不化解则会抑郁成疾，而长期抑郁不消，就等于慢性自杀。所以说，一个人要想摆脱疾病的困扰，首先就要学会宽容，不能让自己的心情时时处于愤怒之中。面对别人的过错，有时愤怒不仅不能解决问题，反而把事情推向被动。如果你选择了宽容，你不仅施惠于别人，反而有时能得到意外的收获。

有一天，威尔·罗吉士养的一头牛闯入了附近一个农户的田里偷吃玉米时，被农户杀死了。依据当时牧场和农田的共同约定，农夫应当通知罗吉士并说明原因，这样双方才算正确处理有关纠纷。但是不知为什么，一意孤行的农夫却没有这样做。

威尔·罗吉士听说这件事后，非常生气，尽管当时的天气正赶上一股强烈的寒流，他还是怒冲冲地带着仆人去找农夫理论。当他们走到一半路程的时候，他和仆人都快被冻僵了，人和马车都挂满了寒霜。

最后，他们两个人艰难地到达农夫居住的小木屋，可惜农夫却不在家，农夫的妻子热情地招待他们进屋等待农夫。罗洁士在屋里看清了农妇消瘦憔悴的面庞，在屋角还有五个像瘦猴一样的孩子。

没有多长时间，农夫就回来了，农妇指着罗吉士告诉他："他们两个是冒着寒风来找你的。"这时的罗吉士本想和农夫理论一番，不知为什么，他停住了，伸出了自己的手。农夫却完全不知道他俩的来意，他热情地与他们握手和拥抱，并邀请他们共进晚餐。

在用餐的时候，农夫充满歉意地说："真不好意思，委屈你们只能吃些豆子，本来可以有牛肉吃的，但是遇着了这样的鬼天气，没有准备好。"五个在一边的孩子听说有牛肉吃，眼里顿时有了神彩，兴奋不已。

罗吉士的仆人一直等着他处理杀牛的事宜，但罗吉士却好像全忘了此行的目的，还与农夫的家人一起开心地说笑。

饭毕，天气依然恶劣，热情的农夫一家要求他们两个人一定要住下，等天气好了再回去，罗吉士和仆人盛情难却，在农夫家里住了一夜。

第二天早上，在他们用了一顿丰盛的早餐之后，就告辞而去。

罗吉士自始自终对此行的目的闭口不言。在回家的路上，仆人忍不住问他："我认为，你会为了那头牛去讨个公道呢！"

罗吉士微笑着说："开始本来是有这个念头的，后来自己考虑了一下，决定不再追究。其实，我没有白丢一头牛，我得到了人情味，毕竟牛在任何时候都可以得到，而人情味却不是这样。"

自己辛辛苦苦养的一头牛，却被别人违反约定杀了，这件事对任何人来说，都会引起愤怒。罗吉士也是如此，他本来想去和农夫理论一番，但由于农夫一家的热情招待，使本来不快的罗吉士收回了自己的愤怒。在一头牛和人情味面前，他选择了后者，也收获了做人的快乐。你怎样对待别人，别人就会怎样对待你。告别愤怒，让宽容化解恩怨，人生苦短，多留些快乐的日子给自己吧！

空白效应：再忙也要歇一歇

心理扫描

想不开了，是因为心里装的事情太多。"空白"就是什么也不做，反而比留下了点什么更好。生活中也是这样，我们没有必要每天都忙忙碌碌的，再忙也要歇一歇，给自己留一些"空白"，用以去除外界对心理的干扰，这样，才能让自己快乐。

人在感知世界的时候，如果感知对象不完整，便会自然地运用联想在头脑中对不完整的感知对象进行补充，直至完整。人们对经过联想去“补充”的感知对象，会产生更强烈的心理效应，不仅印象深刻，而且更容易记住。心理学上把这种现象称为“空白效应”。

不可否认，我们几乎每天都沉浸在快节奏生活中。“当我们正在为生活疲于奔命的时候，生活已离我们而去。”英国歌手约翰·列侬的话无疑成了现代人的写照。为了赶时间，我们不得不在路途中步履匆匆；为了赶时间，我们不得不在餐厅里狼吞虎咽；为了赶时间，我们不得不在公司里挑灯夜战……我们好像每天都在和时间赛跑，每个人的脑海里只有一个概念：“快一点，快一点，再快一点。”

不知从何时起，“压力山大”成了都市白领自嘲的流行语，“过劳死”成了一个威胁当下人健康甚至生命的热名词。健康在忙碌中严重透支，快乐在忙碌中渐行渐远。很多人因此来不及休整自己，来不及欣赏生活的美好，来不及享受亲情之美，甚至来不及给他人一个微笑……青春年华在忙碌中失去，美丽容颜在忙碌中褪去，温情在忙碌中淡漠，等到你有一天蓦然回首的时候，发现自己的生命已经消耗殆尽。一个人哪怕是子孙满堂、晚年富贵，都逃不过劳碌的一生，最后只会感觉生活是那么的寡味，人生是那么的无奇，自己白来了世界一遭。大多数人所能换得的，除了苍老的容颜和疲惫的心，还有因为错过一生的悔恨。当一个人丢了慢节奏、将“忙”注入了他的生活时，烦躁、不安、苦痛和劳累就会接踵而来，让人来不及享受真正的生活而失去自我。

人生就像一场旅行，目的地不是生命的价值所在，重要的是沿途的风景以及看风景的心情。所以，我们应该改变活法。人，作为世界上最有灵性的生命，不要成了工作的机器，成了工作的奴隶。不管多么忙碌，不管事情多么重要，时间多么紧迫，也要学会歇一歇。

田雨在忙碌了大半年之后，终于得到了一个月的假期，她没有像其他同事那样整天泡在家里看电视，或者隔两天找上一堆朋友东游西逛，而是去了一家茶艺馆专门学习茶艺。

以前在工作的空余，田雨也曾看过一些介绍茶艺的书籍，现在假期开始了，她就借此机会专心学习。学习茶艺是一项辛苦的事情，在茶艺馆学习期间，大部分的时间是动手操作，在书本里学到的基本知识已远远不够用。田雨认真向师傅学习茶叶的识别、冲泡等，并且留心积累实践中的经验，很快就进入专业的状态。

一个月以后，她又投入到了繁忙的工作中，但是她每天都会抽出时间泡茶、观茶、品茶。当她以娴熟的手法沏茶，以优雅的姿态品茶时，都给人一种清新恬静的享受。

很难想象，她以前还是一个急躁、忙碌的职场女强人，现在她恬静的面孔微笑着，给人一种可亲的感觉，就像是温婉的邻家姑娘。

停下来思考一下生命的真正意义，慢下来感受生活的精彩，学一学过慢生活的智慧。让身体少点负荷，让心灵多些给养。你可能从早忙到晚，从春忙到夏，从少忙到老，几乎没有闲暇。工作是人生不可缺少的，你的生活乏味，工作不是罪魁祸首。聪明的人懂得如何平衡工作和生活，懂得在繁忙的工作中能够忙而不乱，能够撷取一份乐趣。当一个人学会可以慢慢地吃饭了，可以有序地工作了，可以悠闲地享受假期了，可以停下来关照亲人和朋友了，他才能真正收获人生该有的幸福和快乐，才会活出生命的真正价值。

南风法则：施予爱就能获得爱

心理扫描

我们没有理由抱怨这个世界缺少爱，没有理由抱怨生活中人情淡薄，没有理由抱怨他人仇恨自己。而是要反观自己，看看自己对这个世界付出了多少爱。一个人得不到爱的眷顾，那不是世人的无情，而是自己做的不够。

法国作家拉封丹写了这样一则寓言：北风和南风比威力，看谁能把行人身上的大衣脱掉。北风一开始就拼命地吹，寒冷刺骨，结果行人为了抵御北风的侵袭，便把大衣裹得紧紧的。南风则徐徐吹动，顿时风和日丽，行人因为觉得春暖上身，始而解开纽扣，继而脱掉大衣，南风获得了胜利。人们将这种现象称为南风法则，也叫温暖法则。

"南风法则"给了我们这样的启发：世界是互动的。你给世界多少爱，世界就会回报你多少爱。接受别人爱的同时，不要忘记给别人关爱。爱给人的收获远远大于恨带来的暂时满足。重要的是改变世界前先试着改变自己。

有一个年轻人，由于在生活中遇到了很多的误解和挫折，他感觉整个世界都在跟他作对，感受不到人间的爱。在不可摆脱的抑郁中，他度日如年，精神几乎要崩溃。

有一天，他登上了一座风景秀丽的大山。当他看到其他人都悠闲地欣赏着美丽的风景时，又想起了自己多年不幸的遭遇，内心的烦恼像洪水汹涌而至，他忍不住对着对面的大山大声喊道：“我讨厌你们！我讨厌你们！我讨厌你们！”

没想到，空荡幽深的山谷不停地传来比他的声音大百倍的回声：“我讨厌你们！我讨厌你们！我讨厌你们！”旁边正在旅游的人也向他投来疑惑的目光。

似乎群山都在回应，他越听越烦。不论走到哪里，这些怨恨的声音都在围绕着他，扰得他更加恼怒。

就在他被这些声音扰的心神不定的时候，突然从身后传来了“我喜欢你们！我喜欢你们！我喜欢你们！”的声音。他扭头一看，原来在他身后有一个僧人在冲着他喊。

僧人微笑着向他走来，他便向僧人一股脑地说出了自己内心的苦恼。

听了他的讲述，僧人笑着说：“生活就像刚才我们的回音，你用什么样的心态说话，它就会用什么样的语气给你一个同样的回应。先试着改变一下自己，换一种友善的心态去面对周围的一切，你会有意想不到的快乐。”

年轻人听了僧人的话，对着山谷喊道：“我喜欢你们！我喜欢你们！我喜欢你们！”群山真的传来了同样的回音，周围的游客们也给他送来了友好的微笑。年轻人的心情一下子舒畅了很多。

从此年轻人用和善的心态面对周围的一切，用笑脸迎接每一个人，他和别人之间的误解消除了，再没有人和他过不去，工作也走上了轨道，他发现自己真的快乐起来了。

南风法则从爱的角度告诉我们，我们付出了多少爱，生活就会回馈我们多少爱。希望得到别人的爱，就必须先去爱别人，付出的越多，得到的也会越多。

安慰剂效应：学会放松自己

心理扫描

身体累了可以歇一歇，心累了怎么办？生活中，我们所感到的心理疲劳绝大部分源于精神因素的影响，纯粹因生理消耗引起的疲劳几乎是没有的。遭遇这样的情况，不需要做得太多，只需要通过一定的心理暗示，你就会远离心理疲劳。

所谓安慰剂，是指既无药效又无毒副作用的中性物质构成的、形似药的制剂。安慰剂多由葡萄糖、淀粉等无药理作用的惰性物质构成。安慰剂对那些渴求治疗、对医务人员充分信任的病人能产生良好的积极反应，出现希望达到的药效，这种反应就称为安慰剂效应。使用安慰剂时容易出现相应的心理和生理反应的人，称为“安慰剂反应者”。这种人的特点是：好与人交往、有依赖性、易受暗示、自信心不足，经常注意自身的各种生理变化和不适感，有疑病倾向和神经质。

凯瑟琳·赫本成名以前，有一场非常关键的演出，正是这场演出，使她一夜之间闻名世界。但在她演出前的十几分钟里，她真正感受到了压力。她感到紧张，呼吸急促，觉得自己无法演出了，所有她知道的方法都试过了，她认定自己的嗓子出现问题了。她告诉医生说，她觉得自己将要瘫痪了，几乎没有办法移动。

医生也注意到了她的变化，并关切地问：“你怎么了？”

“我突然非常害怕，四肢无力。感到前所未有过的紧张，这一次的演出跟以前大不相同。”

“没关系，”医生安慰道，“你是一位实力派艺术家，你只是有点紧张，一定能克服的。正好我这里有种新药，可以克服情绪紧张，效果会很好。”

接着，医生从药箱里取出针管和一小玻璃瓶药水，并用针管给赫本注射了药水。

医生做完所有这些后，向赫本保证道：“这是一种特效药，效果又快又好。”

“慢慢坐下，不要想观众和演出，放松放松。”

几分钟后，赫本真的平静下来了。

“太谢谢您了，这药效果真很好。”赫本高兴地说道。

演出开始后，赫本信心百倍地上台，赢得了观众热烈的掌声。后来在庆功会上，医生过去向她道贺：“恭喜你，这是你最精彩的一次演出。”

“谢谢您。”赫本说。

“不，你不要感谢我，你应该感谢你自己，我没有做什么。你知道吗？演出前我只是给你注射了一瓶生理盐水，没加任何药物。”

可见，适当的安慰对不良情绪有巨大的调节作用。凯瑟琳·赫本的故事也印证了英国著名的心理学家哈特·菲尔德在他的《权力心理学》一书中的一句话：“我们所感到的疲劳绝大部分源于精神因素的影响，纯粹因生理消耗引起的疲劳几乎是没有的。”

现在，请你暂且停下手头的事情，自己检查一下。当你念到这句话的时候，是不是正对着书本愁眉不展？是不是正眉头紧锁？是不是正很放松地坐在椅子上？是不是正耸起双肩？是不是脸部肌肉紧绷？除非你像一只慵懒的猫放松地睡在太阳底下，否则你就是在不断制造疲劳！

那么，我们应该如何放松自己呢？

周敏是一家公司的速记员。一天，人事部门的助理让周敏一定要把一封长信重新打一遍。周敏对他说，不用重打，只要把错别字改正过来就行了。助理却说：如果你不做，我就找别人去做！周敏气急了，不得不重新打一遍，因为她担心别人会趁机取代这个职位，而她又非常需要这个职位。为了让自己好过些，周敏只好假装自己喜欢工作——这样一想，出乎意料的是，她真的开始有点喜欢这份工作了。周敏发现，一旦喜欢上自己的工作，效率就会提高，所以现在她很少需要加班。这种新的积极的工作态度，使同事认为她是个优秀职员。后来，销售部门主管需要一名私人秘书，就选上了她。销售部门主管说，周敏总是充满热情地去做额外的工作！这种心态的改变所产生的奇妙的力量，实在是周敏一生中最重要的大发现，也确实奇妙无比！

人如果做的是自己感兴趣的事情，往往会非常快乐，不知疲倦。有兴趣就有活力，要知道，和爱唠叨的人同行一小段路要比和知心好友同行十里路还要累人——这就是安慰剂效应所起的作用。

另外，运动对我们的身体确实很重要，但我们更需要的是精神、心智上的运动，以便促使我们将成功的计划付诸行动。所以，每天早晨起来不妨对自己说些鼓舞信心的话。

每天都跟自己这样交谈，就可以从中获得勇气和幸福，知道什么是平安和力量；每天都抽出一点时间跟自己谈些充满感激的事，这样，你心灵的天空就会阳光灿烂，充满欢乐。

翁格玛丽效应：欣赏自己，你就会快乐

心理扫描

自我欣赏、自我鼓励是一种心理暗示，暗示能让我们信心百倍。人是为了信心而存在的，也是为信心而生的，我们一旦失去了信心，就失去了存在的意义，因为一个对于自我都不敢肯定的人，还有什么勇气去肯定自己的人生呢？

有个名叫翁格玛丽的女孩，本来长得不是很美。但是，她的家人和朋友，都给她信心，从旁鼓励，每个人都对她说："你真美。"由此，女孩有了信心，每天照镜子的时候，都觉得自己很漂亮，也在心里对自己说："其实，你很漂亮。"渐渐地，女孩真的越来越漂亮。

由此，"翁格玛丽效应"成了教育心理学上一个重要的名词，说的是鼓励给人的心理暗示作用。

通过自我赞美的方式，来不断增强自己的信心，才有机会赢得更快乐的人生。能为自己喝彩的人无疑是勇敢的人，也正是这种"你是最棒的"的喝彩，给他们带来了无限的激情和追求理想的动力，并最终实现了自己的快乐人生！

人不快乐的一个根源是盯着自己的缺点，并不断放大自己的缺点，总是拿自己的缺点与别人的优点相比较。这种不明智的做法，往往给我们带来许多不良情绪。俗话说：金无足赤，人无完人。每个人都是优点与缺点集于一身的。如果你总是拿自己的短处和别人的长处相比，你当然找不到自信，也不会快乐。所以，正确地认识自己，做一个快乐的自己才是最重要的。

我们的快乐必须靠自己去寻找，而一切快乐的基础就是对自己的满意度，一个对自己都不满意的人，快乐怎么愿意靠近他？生命需要充实，更需要欣赏。平日里，在尘世上的奔波，让我们忘记了一个真实的、有着缺憾、更有着美丽的自己。我们对世界的要求太高，对自己的要求太高。风尘仆仆的追逐中，留意着路边的风景，却忘记了一个比风景更美的自己。

有个金发小男孩头戴球帽，在草地上练习棒球。

“我是世界击球手冠军。”他自信地说，然后，就把球抛向空中，紧接着用力挥棒，但却没打中。他并没有沮丧，拾起掉在地上的球，再次把球抛向空中，然后大喊一声：“我要做世界击球手冠军。”他第二次挥棒，可还是没有击中。他愣了一会儿，拿起球棒和球仔细检查了一遍，觉得没什么问题。他又做了第三次击球尝试，这次他仍告诉自己：“我是最棒的击球手冠军。”然而他第三次的击球依然失败了。

突然，他“哇！”了一声跳了起来，“我现在是最伟大的投手。”

看了上面的这个小故事，你是一笑置之，还是有所感触呢？我们有时也要学习故事中的男孩，学习他勇于尝试，在遇到挫折时不断给自己打气、加油，让自己永远都充满信心。即使失败，也不要自暴自弃，更不可抱怨，只要换一个角度看问题，换一个角度欣赏自己，挫折、失败、痛苦就永远击不垮我们。

古语有云“懂得欣赏自己，才会有生活之乐趣”，而今世人也常说：“若连自己都不欣赏，那你又怎么会懂得欣赏别人呢？”这些，都说明了懂得欣赏自己的重要性。

欣赏自己，使你能够看到自己的潜能，并能最大限度地发掘出潜能来。坚信自己的能力，并按照自己的意愿坚定不移地追求梦想的人，比一遇到挫折就自我否定的人更具优势。

有一位业绩非常优秀的业务员，短短一年的时间，就晋升为业务部经理。很多人问及他的成功秘诀，他只说了四个字，“自我鼓励”。

他说，每天早上出门工作之前，他都会对自己说三遍：“你是最棒的业务员。”说完后，他就会在心里告诫自己：今天你就要证明这一点，而且要天天如此。一年之中，他每天都坚持这样做，渐渐地，他发现这种自我鼓励的方式真的给了他无比强烈的自信心。于是，每次和客户谈生意时，他都会以一种激情洋溢的状态投入，结果，他的业绩开始与日俱增。半年后，他居然为公司赚了50万元。

欣赏自己，鼓励自己，是人生智慧的一部分。自我肯定的信念使我们不失希望，始终相信自己能够实现自己的理想，也能让我们不再为无法预知的未来而忧心忡忡、不再因为一时的失意而伤感，不再为漫漫人生遥遥无期而焦虑……

欣赏自我，不是变态者的自恋，也不是自卑者的自怜。它是自我激励，激励着自己向着理想的方向发展，直至成功，即使失败也不会受挫。哪怕是有生理缺陷的人，也会用乐观的态度来正视自己的缺陷。盲人女作家海伦·凯勒是这样自我欣赏的，她说：“我是独一无二的。不过我也是一个人，我不能做所有事，但是能做一些事；我不会拒绝做自己能做的事。”

正视自己的缺点，能让我们有自知之明，欣赏自己的优点，能让我们充满自信。在欣赏别人的同时，也试着欣赏一下自己，你会发现，天空一样高远，大地一样广大，自己有比别人更美好的地方。

我们都是这个世界独一无二的自己。都是集优点和缺点于一身的自己。正视自己缺点的同时也要学会欣赏自己的优点，给自己制造一些快乐的机会。

多米诺骨牌效应：不让情绪“多米诺”倒下去

心理扫描

当面对一时的坏情绪时，如果不能及时缓解，这类情绪就会困扰着你，甚至危害你很长时间。如果不能用巧妙的方法化解的话，那么，一件小事就会让你活得越来越累，快乐也与你越来越远。

传教士多米诺为了让更多的人玩上高雅的骨牌游戏，制作了大量的木制骨牌。不久，木制骨牌就迅速地在意大利及整个欧洲传播，骨牌游戏成了欧洲人的一项高雅运动。人们为了感谢多米诺给他们带来这么好的一项运动，就把这种骨牌游戏命名为“多米诺”。到19世纪，多米诺已经成为世界性的运动。在非奥运项目中，它是知名度最高、参加人数最多、扩展地域最广的体育运动。

从此以后，人们就把各个国家的各个领域产生的一倒百倒的连锁反应称为“多米诺骨牌效应”。

多米诺骨牌效应警示我们：一个细节处理不好，往往会因为连锁反应而影响整件事。所以，我们要学会从源头控制自己，不让情绪的“多米诺”倒下去。

杨科早晨起床后发现上班要迟到了，就急急忙忙地开车往公司急奔。为了赶时间，杨科超速了，警察将他拦了下来，并给他开了张100美元的罚单。

这样一来，杨科上班迟到了。杨科很不开心，到了办公室之后，看着桌上还放着昨天就要寄出的信件，他更是生气，杨科把秘书卡利叫了进来，狠狠地将她骂了一通。

卡利被骂得莫名其妙，她拿着未寄出的信件，来到总机小姐的座位前，责怪总机小姐没有提醒她寄信。

总机小姐觉得很冤枉，憋了一肚子气，心情恶劣至极。这时，她看到公司内职位最低的清洁工没有将昨天的垃圾清理干净，就借题发挥，对清洁工没头没脑地指责了一番。

清洁工职位最低，没有人可以骂了，她只得憋着一肚子怨气。

清洁工下班回到家，见到读小学的儿子把衣服、书包、零食等丢了满地都是，便把儿子狠狠地责骂了一顿。

儿子愤愤地回到自己的卧室，见到家里的花狗挡了自己的路，一时怒由心中起，狠狠一脚，把狗儿踢得远远的。

花狗惨叫着逃出门，一下子撞上一个人，被激怒的花狗狠狠地咬了这个人一口。

这个人是谁？他是杨科。杨科更加生气了，他觉得整个世界的人都在生气。没想到自己就要到家了，却被哪家的野狗咬伤了。

杨科被狗咬了，是典型的“多米诺骨牌效应”，最后倒下的那副牌砸中的是杨科自己。所以，我们要学会控制自己，不让情绪的“多米诺”倒下去。

生活中，有很多人都在为一些小事烦恼着：打开衣柜，为衣服少一件而烦恼；打开冰箱，为吃喝不美味而烦恼；打开钱包，为钞票不够花而烦恼；打开门，为天气不晴朗而烦恼。

莎士比亚说：“聪明人永远不会坐在那里为他们的损失而哀叹，却用情感去寻找办法来弥补他们的损失。”是的，当面对一时的坏情绪时，如果不能及时缓解，这类情绪就会困扰着你，甚至危害你很长时间。如果不能用巧妙的方法化解的话，那么，一件小事就会让你活得越来越累，快乐也与你越来越远。

吃葡萄效应：学会乐观看待生活

心理扫描

生活中，我们总会给自己做一些假设：我这个月的业绩是不是最差的；老板会不会开除我；下个月我还得起房贷吗……也许这些想法是有一定道理的，但是却没有必要。过度的担心只会让你的心灵更加沉重不堪从而使原本美好的生活偏离正常的轨道。

钱钟书先生在《围城》中也讲过一个十分有趣的故事，说天下有两种人：一串葡萄到手后，一种人先挑最好的吃；另一种人则相反，把最好的留在最后吃。但这两种人都不快乐，前者认为自己的葡萄越来越差；后者则认为自己吃的每一颗都是剩下的葡萄中最坏的。

人们将这种现象称为吃葡萄效应。吃葡萄效应提示我们，一件事，当你用乐观的态度去看待的时候，你就会充满快乐，如你用悲观的态度去看，你就会痛苦。两种看待事物的态度决定了一个人的心情。所以，乐观地看待生活中的每一件事，我们就会活在快乐中。

一个人要是没有一个乐观的心态，事事总往坏处想，这样，就会和快乐无缘。凡事往好处想，心情就会不一样。比如，当你因悲观而感到焦虑时，不妨去想象一旦成功后的景象，你将很快化解焦虑与不安；如果你在内心把事情的结果都想象得很坏，那你就会沉溺在痛苦之中不能自拔。

刘娟在一家合资企业担任公关部经理，最近刘娟变得异常焦虑。

原来，公司精简人员，人事部正在制定裁员方案，在刘娟的脑海里，满是自己下岗后落魄的样子。她对丈夫说："我在这家公司工作6年了，从最初的小职员到现在的人事部经理，我付出了很多努力。可是，现在公司也遭遇了金融危机，决定裁员。我真的很害怕自己被裁掉，我已经37岁了，如果被裁掉的话还得重新找工作，金融危机下的工作肯定不好找，就算找到了，我又怎么和那些朝气蓬勃的年轻人竞争呢？"

这样没日没夜地想着最坏的结果，心神不宁的刘娟身体越来越差，工作也经常出现纰漏，耽误了公司一些很重要的会议，本来不在被裁之列的她，最后真的被裁掉了。

看看，遇到困难，与其这样胡思乱想，给自己带来精神上的困扰，不如认认真真地做好自己的本职工作，安安心心地过好生活的每一天。你可能会遭遇公司裁员，那么，你是不是也和刘娟一样，总是往坏处想呢？告诉你，在事情没有发生之前，要怀着一颗积极的心去面对，凡事都往好处想，才是获得快乐的保证。

一天，一位农夫赶着马车过桥时，不小心连人带车都掉进深水中。众人正在惊慌之余，突然看见农夫从水里冒了出来。人们忙伸手将他拉了上来。上岸后，农夫竟然没有惊恐和悲哀，反而"哈哈"大笑说："太好啦，太好啦。"人们惊奇，以为他给惊吓傻了。

"掉进河里，车也毁了，马也没了，连你都差点没命了，你还觉得好高兴，你没事吧？"有人好奇地问他。

"高兴？当然值得高兴！"农夫停住笑声，"从这样高的桥上掉到河里，我还活着，而且身体完好无损，难道不值得高兴吗？"

是呀，世上没有比活着更值得庆幸的事情了。只要明白这个道理，你的人生就会充满欢乐。因为你能看透生活的实质，能找到快乐的源头，所以，你是快乐的。卡耐基说过："如果我们有着快乐的思想，我们就会快乐。如果我们有着凄惨的思想，我们就会凄惨。如果我们有害怕的思想，我们就会害怕。如果我们有不健康的思想，我们就会生病。"当你一味地去想最糟糕的结果时，你自然不会开心快乐。但如果给自己的心灵换上新鲜空气，让你的大脑运转在美好的事物上，那么，快乐就不会离开你。

霍桑效应：让自己轻松起来

心理扫描

工作的过程，往往是各种大大小小压力积累的过程，而每个人的心理负压能力总是有限的，如果不及时排解压力，你就会让压力压垮自己。因此，我们每个人都有必要宣泄一下，这样可以缓解我们工作的压力，提高做事的效率。

霍桑工厂是美国芝加哥郊外一个电话交换机制造厂，虽然工厂的娱乐设施、福利制度等都比较完善，但是员工们还是有各种各样的意见，他们的工作态度直接影响了生产效率。为了提高生产效率，他们请来心理学家帮忙解决问题。

心理学家来到厂里，在耐心倾听工人的各种抱怨后，让工人尽情宣泄不满。让人意想不到的是，从此以后，霍桑工厂的生产效率得到很大的提高。后来，人们将这种奇妙的现象称为“霍桑效应”，也称“宣泄效应”。

霍桑效应的精髓有两点：一是将自己心中的不满发泄出来；二是由于受到额外的关注而更加努力地工作。

我们应该经常找一个适当的方式，将自己心中的不满发泄出来，从而让自己能够更加积极地投入到工作中去。“霍桑效应”是对心理进行自我调节的一种手段。

2010年，电影《杜拉拉升职记》热播，受到无数职场人士的追捧。这部电影让人们看到了一些职场的潜规则、明规则以及白领们的发泄方式。让我们来看看该片中的一些经典发泄方式：

杜拉拉一直保持着一个好习惯——下班走楼梯。换上平跟鞋，戴上耳机，一边蹦蹦跳跳地往下走，一边哼着跑调的歌，脸上的疲惫一扫而尽。杜拉拉说，那不仅仅是她的健身方式，更是她的解压方式，一层层地往下走，就好像把工作的压力也一点点放下来了。

杜拉拉和王伟在晚上加班结束后，开车来到一个广场。杜拉拉吃了一大堆巧克力，并告诉王伟，这是她的解压方式。

杜拉拉和王伟跑进了广场的喷泉中。在夜幕的笼罩下，在喷泉边尽情嬉戏、打闹，浑身都淋湿了。工作的疲惫就仿佛被水洗去了一样。第二天，一个精神抖擞的杜拉拉出现在公司里。

电影《杜拉拉升职记》中的发泄方式不胜枚举，有些甚至是我们亲身经历的。为什么大家在遇到压力的时候，都喜欢做一些有点儿疯狂的事情呢？原因在于我们明白过多的压力对自身是有害的，只有把压力适当地发泄出来，才能维持身心的平衡，从而更好地处理工作上、生活中的各种问题。

有人看到，霍姆常常绕着公司的围墙跑上几圈，他已经从一名普通员工成长为公司总裁了，但这好像已经成为他的习惯，几十年都是这样。

这天，霍姆又在跑，因为年纪大了，他累得气喘吁吁，汗流浃背。他的孙子怕他有闪失就跟着他。孙子问："爷爷？您绕着公司的围墙跑，这里面有什么秘密吗？"

霍姆对孙子说："刚来公司，感到工作不顺充满压力，我就绕着公司的围墙跑，我边跑边想——自己的职位这么低，薪水这么少，我有什么理由反对刁难我的上司呢？发泄完了，我就不再嫉恨上司了，也有了更多的时间和精力来工作、学习了。"

孙子又问："爷爷，您年老了，成了巨富，为什么还要绕着公司跑呢？"

霍姆笑着说："老了，生气时我绕着公司跑，边跑我就边想——我公司这么大，业务这么多，又何必在意利润下降了呢？发泄完了，我就不担心了。"

对霍姆来说，跑步是一种发泄的方式。可能正是因为自己能及时发泄，才使得霍姆保持正常的心态投入到工作中，这可能就是他成功的保证。

那么，我们如何通过发泄的方式来调节自己的心理呢？除了可以借鉴电影中的一些健康、有益的发泄方式，还有以下发泄方式：

1．看动画片、玩玩具

成人的世界里，有太多的无奈和压力，连看电影、电视，都随时会从剧中角色联系到自身，有感而发，平添惆怅。看动画片就单纯多了，单纯天真、充满幻想的内容，天马行空、轻松活泼的表现形式，可以唤起人们的童心，让人暂时忘却世俗烦恼。玩玩具也具有类似的作用。现在，很多地方还出现了成人玩具馆，许多人工作之余在这里度过单纯的时光，这样一来，烦恼和压力都跑得无影无踪了。

2．热舞

迷幻的灯光、喧闹的音乐、狂舞的人群，加之周围都是陌生人，这就更加容易让人解开自我束缚，肆意释放自己的个性和情绪。当充满动感的舞曲响起的时候，无论是什么样的情绪，都可以随自己的舞姿发泄出来。

3. 极限运动

当工作遇到阻力，个人发展遇到瓶颈时，人们便想到用另外的方式来获得征服感，如攀岩、蹦极和登山探险等极限运动。这些极限运动是群体表现自我，尽情地展示自己的另一个舞台，到达顶点，那种超越自我的快感是一种难以忘怀的乐趣，也是证明自己的一种方式，同时，心中的压力也被运动一扫而光。

适当发泄的方式有很多，总之，当心有不满的时候，不要过度地强压、隐忍，让不满的情绪越积越多，而是要将不满的情绪表达出来，宣泄出来，让自己获得心理上的平衡，也获得继续努力的动力。所以，当感到压力过大、烦恼过多的时候，与其自我压抑，倒不如痛快地发泄一次。

第五辑

打破修行的壁垒

人总是从弱到强，一辈子是一个自我修行、自我提高的过程，但是，在这个过程中，我们总会遭遇很多壁垒，从而消弱了我们修行和提高的进度。因此，只有打破这些壁垒，我们才能自我提高。

木桶定律：认清优势和劣势才“得势”

心理扫描

能力强，不要认为自己了不起，能力弱，也不要认为自己一无是处。每个人都有短板和优势，在成功的道路上，只有认清自己，勇于审视自己，发现自己的不足，才可以提高自己、完善自己。

一只沿口不齐的木桶，能盛水多少，并不由木桶上最长的那块木板决定，而取决于最短的那块木板。要想增加木桶的整体容量，不是去加长最长的那块木板，因为这样做于事无补。而是要下工夫依次补上最短的木板。另外，一只木桶能够盛多少水，不仅取决于木板的长度，还取决于木板间结合的是否紧密。如果木板间存在缝隙，而且缝隙很大，同样无法装满水，甚至一滴水也剩不下。这就是著名的木桶定律。

劣势是成功的障碍并不是绝对的，劣势是一个人的短板，认清你的劣势，办事的时候针对这些劣势下手，就会使事情达到事半功倍的效果，从而更能顺利地走向成功。这就像汛期的长江大堤，稳固坚实的那段河堤具有防洪的优势，但是，要想预防洪水，必须找到脆弱的那段河堤，这样，才能让整个大堤具有良好的防洪功能。

所以对一个人来说，认清自身的劣势和认清优势一样的重要。一个人只有认清优势和劣势，才能真的“得势”。

李霞大学毕业后进入了一家化妆品公司做了一名市场调查员。李霞每天的工作是在街上向路人发放调查表格。后来，因为她工作努力，公司让她进入销售部。随着她不断努力，她很快被公司提升为销售主管，在荣升为销售主管之后，她进一步加深了对化妆品行业的认识，她的业绩几乎占了全公司的一半以上。

因为长期在化妆品领域工作，她对化妆品行业了如指掌。有朋友建议她说：“你有这样的优势，为什么不自己创业呢？”

几年之后，在朋友的建议下，李霞凭着自己稳固的人脉资源，从公司辞职，创办自己的公司。

但事与愿违，李霞的公司效益一直都不好。为什么在打工的时候在这个行业能如鱼得水，而到自己创业的时候就举步维艰呢？李霞不知道问题出在哪里？

她去咨询过专家，专家告诉她，李霞有做销售的经历，公司有渠道优势，但是，经营一个公司需要的是各方面都要具有一定的优势。李霞没有意识到，自己最大的缺陷是缺乏全方位的管理经验，这是公司举步维艰的原因。专家建议她找一个职业经理人管理公司，让她自己去做公司的销售。

在所有成功人物的奋斗史中，他们都是避开自己的短处，将自己的优势发挥出来，才能取得成功。而李霞只看到自己有丰富的销售经验，没有看到自己管理经验的不足，贸然创业，这是她创业受阻的原因。李霞没有分析自己的优势和劣势，没有在做职业经理人和销售主管间衡量自己，想当然地去做。她不了解自身的劣势和创业所应具备的优势，她是用自己的劣势来打拼创业，所以失败也是一种必然结果。

田忌是齐国大将，非常喜欢赛马。有一次，田忌与齐威王进行一场比赛。他们把各自的马分成上、中、下三等。比赛时，田忌用上等马对齐威王的上等马，用中等马对齐威王的中等马，用下等马对齐威王的下等马。由于齐威王每个等级的马都比田忌的马好，所以田忌总是输。

田忌很扫兴，垂头丧气地准备离开赛马场。但他的好朋友孙膑要他再赛一次，说有办法准能让他取胜。

一声锣响，比赛开始了，孙膑先以下等马对齐威王的上等马，输了第一局。第二场比赛，孙膑拿上等马对齐威王的中等马，获胜一局。第三场比赛，孙膑拿中等马对齐威王的下等马，又战胜一局。比赛的结果是三局两胜，这样，田忌就赢了齐威王。

这就是我国古代田忌赛马的故事，同样的马匹，同样的规则，之所以能赢，是孙膑看清了田忌马匹的优势和劣势所在，通过调换比赛的出场顺序，从而转败为胜。所以说，完全认清自己的优势和劣势才能强化既有优势，才能让自己真正有优势。

破窗理论：我们要时常检查自己

心理扫描

谁都有这样或那样的缺点、毛病、不足，无论你是凡人还是伟人。但你要明白，伟人之所以伟大，是因为他知道自己也会犯错误。时刻注意发现自己的缺点并加以修正，使自己的优点日益增多，这样，才能做一个日趋完美的人。

美国心理学家詹巴斗进行过一项试验：把两辆同一车牌、同一型号的汽车停放在中产阶级社区，其中一辆完好无损，一星期后安然无恙；而另一辆，他摘掉车牌，打开顶棚，结果不到一天就被人偷走了。

后来，他又把那辆完好无损的汽车敲碎了一块玻璃，结果，仅仅过了几个小时车就不见了。

由这项试验延伸开来，美国政治学家威尔逊和犯罪学家凯林提出了“破窗理论”。该理论认为：如果有人打坏了一栋建筑上的一块玻璃，且这块破玻璃没有得到及时修复，别人就可能受到某些暗示性的纵容，去打碎更多的玻璃。

破窗理论提醒我们：要及时修补那些个别、轻微的小过错，不然自己就像那被打碎玻璃的窗户，情况变得越来越糟糕。因此，我们要时常检查自己，及时修好那扇被打破的窗户。

有一则关于苏格拉底的故事，可以给我们一些启迪。

有一次，苏格拉底的朋友到德尔斐神庙里去问阿波罗神：“世上究竟还有没有比苏格拉底更有智慧的人？”神谕回答说：“没有。”苏格拉底对此感到很奇怪：“我怎么会是最有智慧的人呢？但是神谕不可能错呀？”

为了验证神谕，苏格拉底首先走访了一批著名的“智者”。结果发现，那些名气最大的人，恰恰是最愚蠢的；而那些不大受重视的人反而愚蠢少一些。然后，苏格拉底又走访了几个诗人，发现诗人对自己所写的东西一窍不通，他们“写诗不是凭借智慧，而是凭借灵感”。最后，苏格拉底又走访了能工巧匠，发现他们只是“因为自己手艺好，就自以为在别的重大问题上也有智慧，这个缺点把他们的智慧都淹没了”。

经过一番走访，苏格拉底终于醒悟了：“阿波罗神之所以说我是最有智慧的，不过是因为我知道自己无知；别的人也同样是无知，但是他们连这一点都认识不到，总以为自己很有智慧。仅凭这一点，阿波罗神就把我算做是最有智慧的人了。”

每个人都会有犯错误的时候，我们应该对自己的错误和不足予以正确的认识，并努力改进，不能刚愎自用；否则，最后肯定是搬起石头砸自己的脚。

20世纪90年代初，人们发现美国斯坦福大学使用纳税人的钱做一些与科学研究无关的事，诸如购买快艇和为校长约瑟芬的新偶举行招待会。事情败露后，约瑟芬不愿为此向纳税人道歉，反而狂傲地声称政府的基金可以用来支付与研究有关的"间接开支"，诸如餐巾、桌布和在他家里举行的晚会。他傲气十足地说："哪怕是我家里的一朵鲜花也与研究有关。"

约瑟芬自鸣得意的辩解引起一片哗然，一位斯坦福大学的职员说："他似乎认为无论他做什么都是正当的——只要是他做的。"然而几个月后，约瑟芬就被迫辞职了。

约瑟芬能当上著名的斯坦福大学的校长，其才能想必不凡。可他忘记了，将他推上校长宝座的，是他对这所大学所做出的贡献，而不是损害。但他的行为转向后，其造成的影响就变质了。人们或许仍然羡慕他的才能，但还是毫不犹豫地抛弃了他。

不管是成功、得意还是失败、失意的时候，都要认清自己，能认识到自己无知的人才会更上一层楼，攀登更高的山峰。否则，只能是井底之蛙，不知天高地厚，不能更进一步。勇于审视自己，发现自己还有不足的精神是很可贵的。有成就者应该如此，没有成就者尤其应该如此，这是一种人生品德，更是提高自己、完善自己的捷径。

空杯效应：放空自己才会有更大进步

心理扫描

无论他人的批评、建议是对是错，我们都不要急着反驳，先在心理上接受它。如果别人的指点是对的，我们就要改正；如果别人的指点是错的，那么我们也可以引以为戒。

一个人听说某个寺庙里有位德高望重的高僧，便去拜访。高僧的徒弟接待他时，他态度傲慢。后来高僧十分恭敬地接待了他，并为他沏茶。可在倒水时，明明杯子已经满了，高僧还不停地倒。他不解地问："大师，为什么杯子已经满了，还要往里倒？"大师说："是啊，既然已满了，干嘛还倒呢？"禅师的意思是，既然你已经很有学问了，干嘛还要到我这里求教？

这就是"空杯心态"的起源。空杯心态就是指人把自己原来拥有的能力、功劳进行放低和清理，一切试着从头开始的做事方式。你可能是某个行业的精英，也可能对某项工作轻车熟路，但是，假如你没有"空杯心态"，你不一定就能做好。

如果想学到更多学问，先要把自己想象成"一个空着的杯子"，而不是骄傲自满。"空杯心态"并不是一味地否定过去，而是要怀着否定或者说放空过去的一种态度，去融入新的环境，对待新的工作，新的事物。

前通用电气公司总裁、全球第一CEO杰克·韦尔奇，曾经非常看好一位名叫詹姆斯的员工。詹姆斯之所以受到韦尔奇的青睐，是因为他在别的公司工作时，就已经取得了非常优秀的成绩。

詹姆斯直接就调入了通用电气总部工作，并成为提升训练计划中的员工，这种为期两年的计划是专为那些MBA设计的，他们一般已经在咨询部门里工作了3～4年，现在希望转向实业部门。

而这个计划的结果就是让他们得到提升，否则就要走人。为了测试这些人的能力，公司的高层会让他们承担一些短期的、紧张的现场任务，到通用电气内部的某个产业部门去学习最先进的业务经验，然后介绍给另外一个产业部门。

在多数情况下，公司的某个业务部门会在一年之内把这些MBA从该计划中“偷走”，让他们承担具体的业务工作。詹姆斯的履历使韦尔奇等高层以为，在6个月之内，起码会有3个以上的通用电气产业部门为了争夺他而打起来。可是一年过去了，却没有人搭理他。

这种现象使通用电气的高层感到很奇怪。直到有一天，在为詹姆斯做第一次业绩考评时，韦尔奇才了解到，詹姆斯每天都是上午10点或11点才来公司，当然下班也很晚，往往是晚上8点左右。他投入工作的总时间并不少，这样的时间表对于那些独立性很强的工作者而言无可厚非。然而，詹姆斯的作息时间表，对于他所在的部门而言却并不合适，因为作为生产线上的经理，通常都在上午8点甚至更早的时候就需要开始工作，全天的会议和工作安排也都在上午8点左右进行。

詹姆斯特殊的工作时间表，使他几乎游离于整个业务部门之外，有哪个部门愿意要他呢？尽管如此，詹姆斯还是在业务部门得到了一个经理的职位。由于他的头脑、活力和背景，韦尔奇决定最后再给他一个机会，让他负责一个小规模的部门。

那是通用电气在欧洲收购的一个有点儿麻烦的企业，此前派去的两位美国经理都没能做好，韦尔奇期望詹姆斯可以改变这种状况。但情况并没有好转，詹姆斯还是保持着我行我素的作风。最终，詹姆斯不得不离开通用电气。

对于詹姆斯来说，他的成功是因为他过去的成绩，但是，他的失败也是因为他过去的成绩。在新的考验中，他不能放下自我，把过去的业绩主动倒空、规整为零，就不可能取得更多的成就。一个人懂得用空杯心态，这样才能取得不断的进步。

吴士宏初到IBM时做的是"行政专员"，但她身处一群真正白领阶层中，硕士博士比比皆是，吴士宏感到了巨大的压力，常常觉得自己没有什么能力，要学的东西还很多。

吴士宏要改变现状，她每天比别人多花6个小时用于工作和学习，为了通过计算机语言考试，她用两个星期的全部夜晚啃完一尺半高的教材；为了能够锻炼口才以适应推销业务，她把自己关在家里对着墙壁反复练习绕口令；为了练习专业术语，导致她咽喉充血不能吞食。吴士宏的努力没有白费，吴士宏终于从一名勤杂人员成长为高层管理者。1998年，吴士宏任微软中国公司总经理，执掌世界上最富有公司的金印，1999年以后又任TCL集团信息产业公司总裁。

后来，有人问吴士宏人生成功的秘笈是什么，她说："就是自己有一个'空杯心态'，这样促使自己每天比别人多做一些。"

只有不断地否定自己，拥有空杯心态，才能激发出自身的潜能，才能让自己向前发展。社会在发展，如果你不进步就会被替代。有一个"空杯心态"，才能清空过时的"垃圾"，为新知识、新能力留出空间，这样才能与时俱进，永不自满，始终保持身心的活力。

倍尔效应：拒绝消极的心理暗示

心理扫描

成功者就是那些拥有坚强信念的人，相信成功的结果而产生成功的信念，有了信念，连因果关系也能改变。不论环境如何，在我们的生命里，均潜伏着改变现时环境的力量。如果你满怀信心，积极地想着成功的景象，那么世界就会变成你想要的模样。你可以达到成功的最高峰，也可能在庸庸碌碌中悲叹。而这一切的不同，仅仅在于你是否有成功的信念！

希特勒手下的宣传部长倍尔说过："谣言重复千遍，便会成真理。"的确如此，当老百姓不明真相时，宣传机构动用舆论工具，编造谎言，以各种渠道反复向社会灌输，便能得到国民认可，于是，谎言便成了真理。这就是著名的倍尔效应。从心理学上说，倍尔效应其实用的就是暗示累积的力量，暗示可以开发个人潜能、改变思想，移易社会风气。

美国纽约州第53任州长罗杰·罗尔斯是一个黑人，出生地在纽约州的贫民窟，那儿的孩子不爱学习，不懂礼貌，成人后很少有体面的工作，只有他例外，他不仅上了大学，而且成为州长。罗尔斯上小学时，不少贫穷孩子无所事事，旷课打架习以为常，损坏公物司空见惯，不思学习比比皆是。为了帮助这些孩子，学校想了很多办法。那时的罗尔斯也不知努力，一次，老师利用给他看手相的机会教育他，说他将来能当州长，罗尔斯大吃一惊，他牢牢地记住了这句话。“当州长”的信念如同一面旗帜，时刻召唤着罗尔斯。经过40年如一日的不懈努力，罗尔斯在51岁那年终于成了州长。就职那天，记者问他是怎样成为州长的，他说：“相信自己能够成功，往往自己就能够成功。”他在就职演讲时说：“信念值多少钱？它也许不值钱，然而，你一旦坚持下去，它就会迅速升值，使你的人生走向成功。”

信念具有操纵命运的力量，一个人心里怎样想，他就会成为怎样的人。人的心灵有两个部分，就是意识和潜意识。当意识做出决定的时候，潜意识则相应地做好了准备。调查显示，古今中外的许多科学家和成功人士，虽然他们的成功各有不同，但是在善于运用意识和潜意识的力量上却有着惊人的相同。正因为如此，意识和潜意识被称为人生信念的导航系统。

在一次与敌军作战时，拿破仑遭遇到顽强的抵抗，不仅队伍损失惨重，自己也因一时不慎掉入泥潭中，弄得满身是泥，狼狈不堪，形势十分危险。可拿破仑对这些却浑然不顾，抱着无论如何也要打赢这场战斗的坚定信念，爬出泥潭大吼一声：“冲啊！”他手下的士兵见到他那副滑稽模样，忍不住都哈哈大笑起来，但同时也被拿破仑的乐观自信所鼓舞。一时间，战士们群情激昂、奋勇当先，终于取得了战斗的最后胜利。

拿破仑曾说：“我成功，是因为我志在成功！”从这个故事中，我们应该受到这样的启发：无论在何种危急的困境中，都应保持乐观积极的态度。相信信念能移山填海的人，是必定能够成功的。

安泰效应：合理的依赖让你变得更强大

心理扫描

人一直强调独立至上，但该不该有依赖心理呢？俗话说："一个篱笆三个桩，一个好汉三个帮。"借用合作者的优势远远要比单枪匹马打天下容易得多。因为合作不仅可以扬长避短，而且还可以增大双方的力量。这样，在做事时就会取得成功优势。所以，合理的依赖让你变得更强大。

安泰效应源于古希腊神话中一个叫安泰的大力神，他是海神波塞冬与地神盖娅的儿子，他力大无比，百战百胜。但他有一个致命的弱点，那就是他一旦离开大地，离开母亲的滋养，就失去了一切力量，他的对手刺探了这个秘密，设计让他离开大地，把他高高举起，在空中把他杀了。后来，人们把一旦脱离相应条件就失去某种能力的现象称为"安泰效应"。

很多人有这样的经验：爬山时遇到陡而险处，手足并用就能通过。手和足合作才能让人登上山顶。对于爬山来说，单单用足可能体现不出什么优势，但手足并用就会形成爬到山顶的力量优势。这是"安泰效应"的典型运用。

手足相互借"势"，两者就有了爬山的优势，同样的道理，你可能没有明显的优势，但你懂得和人合作，这就是你的优势。所以很多时候，学会依赖你的合作伙伴，你也可以变得很强大。

从前，有三个和尚共同相遇在一所破寺庙里。这座寺庙破败不堪，墙壁斑斑驳驳，地面脏乱不堪。

“这所寺庙为什么荒废了呢？”三个和尚都异口同声地问。

年龄最长的和尚甲说：“必是和尚不虔，所以菩萨不灵。”

接着，年龄稍长的和尚乙说：“必是和尚不勤，所以庙宇不修。”

最后，年龄最幼的和尚丙说：“必是和尚不敬，所以香客不多。”

三个人都坚持自己的观点，争执不休，最后，他们决定留下来，各尽其能，看谁能改变这个破烂的庙宇。

从此，这三个和尚开始了辛苦的工作。甲和尚礼佛念经，乙和尚修缮庙宇，丙和尚化缘讲经。他们各自负责各自的事情，都负责得井井有条。不久，庙宇果然香火渐盛，他们拿出一部分钱修建了庙宇，先前破败的庙宇终于恢复了往日的生机。

三个和尚让本来香火破败的庙宇香火鼎盛，就个体而言，他们并没有这样的能力，但是，他们在各施所长的同时，能够借用合作伙伴的力量，最终使佛法得到弘扬。

摩根说：“竞争是浪费时间，联合与合作才是繁荣稳定之道。”他组织了世界上第一个金融“辛迪加”。

1871年，因为普法战争中法国以失败告终，所以法国政府要给德国50亿法郎的赔款。另外，还要快速恢复崩溃的经济，这一切都需要资金。于是，法国政府准备发行2.5亿法郎的国债。

法国政府决定让摩根承揽推销这批国债。那么，摩根是如何办好这件事的呢？

摩根的计划是，将华尔街所有大银行联合起来，形成一个资财雄厚的国债承购组织——“辛迪加”，这样就将风险分摊到众多的金融组织头上。这样，风险就很容易被消化掉。

但当时的情况是：人们各自为阵，金融界个个见钱眼开，并为一己私利不择手段。

其实，摩根的想法正是为了改变这一现状。他的意图是，将各个金融机构联合起来，成为一个信息相互沟通、相互协调的稳定整体。对内，经营利益均沾；对外，以强大的财力为后盾。

摩根的想法一传出，在金融界立刻引起了一场轩然大波。

“他的想法太天真了！”

“金融界的疯子！”

但是，有些人十分拥护摩根，他们认为：“如果大家能联合起来，那么金融投资将朝着健康的轨道发展。”于是在一片争论声中，人们逐渐接受了摩根的建议，并把华尔街的指挥棒交给了摩根。

后来，摩根不仅为法国成功地推销了国债，更是让华尔街建立了金融新秩序。摩根成功的经营战略，至今仍影响着华尔街。

有人说，摩根是个了不起的人，殊不知，是摩根借用了他人的力量。合作是建立优势的办法之一，因为合作就是成功的力量。这就像一个人用筷子吃饭，如果只用一根筷子吃饭，那么什么都夹不起来，而用一双筷子，结果就会截然相反。可见，合作能产生大于个体的力量。

禁果效应：要学会抵制诱惑

心理扫描

在现实生活中，禁果似乎分外香、格外甜，越是不让做的事，越是禁止做的事，人们越想做，因为它激起了人们的好奇心理和逆反心理。

人们在生活中常常会遇到这样的情况：越是被禁止的东西或事情，越会引来自己的兴趣和关注，使自己充满窥探和尝试的欲望，千方百计试图通过各种渠道获得或尝试它。这一现象被称为“禁果效应”。禁果效应存在的心理学依据在于无法知晓的“神秘”事物，比能接触到的事物对人们有更大的诱惑力，也更能促进和强化人们渴望接近和了解的需求。我们常说的“吊胃口”、“卖关子”就是因为对信息的完整传达有着一种期待心理，一旦关键信息在接受者心里形成了接受空白，这种空白就会对被遮蔽信息产生强烈的召唤。这种“期待—召唤”结构就是禁果效应存在的心理基础。

禁果效应从某个角度也是在警示我们：要学会抵制诱惑。

《圣经》中亚当和夏娃偷吃禁果的故事尽人皆知：上帝在伊甸为亚当和夏娃建了一个乐园，让他俩住在园中，修葺并看管这个乐园。但是上帝吩咐他们：“园内各种树上的果子你们都能吃，唯独善恶树上的果子不能吃，因为吃了它你们就会死。”亚当和夏娃谨记着上帝的教诲。

但是有一天，夏娃禁不住蛇的诱惑，摘下了善恶树上的果子，吃了下去；她又给了亚当，亚当也吃了。上帝得知后，将他们赶出了伊甸园，惩罚了罪魁祸首——蛇，让它用肚子走路；责罚夏娃，增加她怀胎的痛苦；让亚当终身劳作才能从地里获得粮食。

《圣经》中这个关于人类远祖的故事，暗示了人类本性中具有的根深蒂固的“禁果效应”倾向。生活中常见到这样的事，那些被禁止的事物，因为禁止本身所带来的心理诱惑力，被蒙上一层神秘色彩。

有一部影片名叫《失乐园》，讲述了两个已婚人士——久木和凛子的感情纠葛。

端庄温柔的凛子是一名书法爱好者，在报社所属的“文化中心”当讲师。而久木就是在应邀去“文化中心”讲座时与她在饭局上偶然邂逅的。早已与妻子情爱麻木的久木最近又因工作变动而失意，当他与凛子相见的那一瞬间，心便不由地产生了一种冲动。凛子像楷书那样的规范与格调给他留下了刻骨铭心的印象。

而凛子的丈夫是东京一所大学医学部的教授，是位身材颀长的美男，但他是个工作狂，对凛子很冷漠。无爱的家庭婚姻，与难以抵御的情感诱惑，使凛子与久木陷入“婚外情”的漩涡。

两人精神世界的共鸣和感官上的愉悦体验，让他们开始重新审视自己的人生意义。

他们认为此时才找到人生的真爱，在真情的迷醉放纵之后，纷至沓来的是凛子的丈夫以“不离婚”进行报复，久木被匿名信所困扰，只好被迫辞职。亲人的疏离，同事的嘲笑、揶揄与世人的白眼，使他们在叛逆中毅然秘密同居。

从此他们就如同亚当与夏娃因偷食禁果被赶出伊甸园一样，被赶出了人生的乐园，当每一次的欢悦结束以后，他们都感到孤单寂寞。为了返回乐园，永远活在乐园里，他们选择了天堂这个永久的家。

可见，假如一个人抵御不了诱惑，那么，生命就会因此而变得黯淡无光。现代社会，诱惑似乎越来越多，拒绝诱惑，其实就是选择了一种人生，也许平淡平凡，但却能活出心灵的伟大；沉溺诱惑，也是选择了一种人生，也许耀眼华贵，但却失去高尚，只剩卑下。而如今，在物欲的浪潮扑面而来之际，在各种诱惑接踵而来之时，我们不妨用一颗对生命怀有热忱的赤子之心，拒绝诱惑，还生命一个真实。

乡村自杀效应：终身学习，不断提高

心理扫描

现在的社会对于缺乏学习意愿的人很是无情。一旦拒绝上进，人就会迅速退化，所谓“不进则退”，转眼之间就被抛在后面，被时代所淘汰。所以，保持上进心是进步不可或缺的因素。

一只青蛙坐在井里，一只小鸟飞来，落在井沿上。青蛙问小鸟：“你从哪儿来呀？”小鸟回答说：“我从天上来，飞了一百多里，口渴了，下来找点水喝。”青蛙说：“朋友，别说大话了，天不过井口那么大，还用飞那么远吗？”小鸟说：“你弄错了，天无边无际，大得很哪！”青蛙微笑，说：“朋友，我天天坐在井里，一抬头就看见天，我不会弄错的。”小鸟也笑了，说：“朋友，你是弄错了，不信，你跳出井口来看一看吧。”

《坐井观天》这则生动有趣的寓言，通过青蛙和小鸟对天的大小的争论，阐明了一个深刻的道理：看问题、认识事物，站得要高，看得要全面，不能像青蛙那样犯了错误还自以为是。把部分当整体，“管中窥豹”、“一叶障目，不见泰山”，这种看问题的方法是片面、错误的，但在生活中人却常常犯这样的错误。比如学琴，常会有这样的感觉，初接触时，自我感觉特别好，以为特简单，认为自己已经学会了，待到实际操练时，方才明白，远不是那么回事，学无止境。正如山村人没见过世面，把村里漂亮的姑娘看得十全十美，似乎她就是维纳斯，而不知天外有天、人外有人。当初的感觉，无异于“坐井观天”。这是一种常见的墨守成规、孤陋寡闻、闭关自锁的消极心理效应，称为“乡村自杀效应”。该效应的实质要求人的眼界要不断提高，终身学习，封闭自己无异于慢性自杀。只有不断扩大外延，丰富内涵，才能立于不败之地。

在现代社会中，知识的更新速度越来越快，不努力学习，就会被淘汰。人若要拥有某种优势，就必须不停地学习。电脑巨头罗斯·佩罗说：“凡是优秀的、值得称道的东西，每时每刻都处在刀刃上，要不断努力才能保持刀刃的锋利。”

纽约一家公司被法国一家公司兼并了。

在签订合同当天，公司新总裁宣布：“我们不会随意裁员，但如果谁的法语太差，导致无法跟新员工进行交流，那么，公司就不得不请他离开。这个周末我们将进行一次法语考试，及格的人都能够在这里继续工作。”

散会后，几乎所有的人都拥向图书馆，只有蒙托斯像平常一样直接回家了。同事们想，他一定是想放弃了。蒙托斯毕竟快 40 岁了，要想重新学习一门语言可不是容易的事。一周后，考试成绩出来了，有 30% 的人没有及格。公司毫不留情地把他们解雇了。不过，在这份解雇名单中并没有蒙托斯的名字，同事们正在纳闷，公司新总裁向大家宣布了一个决定：任命蒙托斯担任销售部主管！

同事们更不解了，纷纷找蒙托斯问个究竟。

原来，大学毕业刚来到这家公司时，蒙托斯就认识到自身的不足，为了弥补，他坚持每天提高自己。他看到公司的法国客户很多，自己又不会法语，与客户沟通时非常不方便，就有意识地去自学法语。

可是，蒙托斯每天的工作都很忙，该怎么解决工作与学习之间的矛盾呢？经过思考，他决定每天记住 10 个法语单词，这样下来，一年就能掌握 3600 多个法语单词，然后再慢慢地学习运用，就能慢慢掌握法语了。

所以，在以后的工作中，蒙托斯从没间断过法语的学习。十多年过去了，蒙托斯的法语已经学得非常地道，跟客户沟通也不需要翻译在场，而这次考试恰恰成了蒙托斯晋升的机遇。

不管你有多能干，曾经把工作完成得多么出色，如果你一味沉溺在对昔日表现的自满当中，“学习”便会受到阻碍。要是没有不断学习、不断追寻各个领域的新知识以及不断开发自己的创造力的精神，你就会丧失基本的生存能力。

蚁球效应：抱成团打天下

心理扫描

有些人过于炫耀个体的力量，从而忽略了整个组织的作用，他们以为，凭借自己拥有的资本，完全可以挽狂澜于既倒，扶大厦于将倾。可是他们却忘了“一个篱笆三个桩，一个好汉三个帮”的古训。众志成城，把自己放到集体中，你才会是最强大的。

“蚁球”是指洪水到来时，密密匝匝紧紧抱在一起的一窝蚂蚁，大的蚁球可有篮球大。当洪水到来时，蚁球随波漂流，期间不断有小团蚂蚁被浪头打开。但如果能够靠岸，蚂蚁便得救了，此时蚁球便一层层散开，像打开的登陆艇，蚁群迅速而秩序井然地一排排冲上江堤，胜利登陆。当然，岸边水中也会留下不小的一团蚁球，那是最低层英勇的牺牲者，它们再也爬不上来了。但它们的尸体仍会紧紧地团抱在一起。

同样令人震惊的场面也在南美洲的草原上上演：

酷热的天气，山坡上的草丛突然起火，无数蚂蚁被熊熊大火逼得节节后退，火的包围圈越来越小，渐渐地蚂蚁似乎无路可走了。然而，就在这时出人意料的事情发生了，蚂蚁们迅速聚拢起来，紧紧地抱成一团，很快就滚成一个黑乎乎的大蚁球，蚁球滚动着冲向大火，尽管蚁球很快就被烧成了火球，在噼噼啪啪的响声中，一些居于火球外围的蚂蚁被烧死了，但更多的蚂蚁却得以绝处逢生了。

有人将这种现象称为“蚁球效应”。蚁球效应表明，个人的力量无论多么弱小，只要能够依靠某种凝聚力组建成为一个团队，就可以发挥神奇的力量，这就是抱成团的力量。

人总会需要某种依靠，这几乎是每个人的心理需求。但奇怪的是，有些人走进一个团队时，往往会选择独处。独处能让人远离纷争，但它让人势单力薄，所以我们要懂得依附团队赋予自己的力量。

在自然界，最雄伟的植物当属美国加利福尼亚州的紫罗杉。它的高度大约为90米，相当于30层楼那么高。

按照常理，那些根扎得不深的高大植物，通常是非常脆弱的，只要一阵大风，就能把它连根拔起。因此越是高大的植物，它的根扎得越深。但是紫罗杉的根只是浅浅地浮在地面。

原来，紫罗杉是群生植物，常是上千万株紫罗杉生活在一起，而且这大片的紫罗杉彼此的根紧密相连，一株连着一株。自然界中再大的飓风，也无法撼动成千上万株根部紧密相连、上千公顷的紫罗杉林。

一株连着一株的紫罗杉林给予了我们这样的启发：其实你也很强大，因为你的后面还有个团队，它就是你的靠山，就是你的优势。

吉姆斯刚进公司时，老板对他说：“我知道你在大学里学的是营销专业，所以我安排你负责公司的销售，希望你走好这一步。”

可是，由于吉姆斯是初入销售这一行，客户根本不把他当一回事，认为他太稚嫩，不足以成为他们的合作伙伴。

吉姆斯苦恼不已，便向老板征求意见。老板说："你是职场新人，碰到困难也很正常，只要你和大家联起手来，依靠大家的力量，这种局面一定会得到改变。"

吉姆斯一下子豁然开朗：对呀，我怎么光想自己，我们公司不是有200多名员工嘛，他们就是我的坚强后盾。

从那以后，吉姆斯每次介绍自己时都会说："我是销售经理，我们公司有200多个员工，相信我们团队的服务一定会让你们满意。"

每当客户听了吉姆斯的这番介绍，都会觉得不仅仅是这一个年轻人在为自己服务，所以很容易接纳吉姆斯。吉姆斯的工作也因此越来越顺利。

正所谓"众人拾柴火焰高"。德国哲学家歌德说："我不应把我的作品全归功于自己的智慧，还应归功于向我提供素材的成千成万的事情和人物。"很多时候，你所在的那个团队就是你的优势。

20世纪60年代，日本经济发展很快，迅速成为世界经济大国。

为探知日本经济快速发展的秘密，一些西方国家的经济学家对日本企业展开了深入的研究。

最后他们发现，一个日本最优秀的员工绝对比不上欧美最优秀的员工，但是，一个由日本人组成的班组和部门绝对强过任何其他国家人所组成的班组和部门。也就是说，日本人在合作中产生了巨大的力量。

西方的经济学家也找到了他们发展缓慢的原因。原来，少数人主导了欧美的企业，工作由上级以命令的形式发布。在个人主义盛行的欧美社会，组织内经常会发生内耗，所以团队的力量被削弱。

物理学家卢瑟福也说："科学家不是依赖于个人的思想，而是综合了几千人的智慧。所有的人想一个问题，并且每人做它的一部分工作，添加到正建立起来的伟大知识大厦之中。”假如把一个人比做一滴水，那么一个团队就是大海。当你依仗了团队，你就会显得很强大。

微软为了向世界推出 Windows 95，进行了一场声势浩大的市场推广活动。整个营销中涉及到很多方面。活动成功的关键，就是微软营销部门和所有参与这次活动的其他公司有统一的团队精神。

这场营销活动声势浩大，营销传播活动需要投入大量的物力、财力和人力，所以，需要一个步骤协调一致的团队是显而易见的。

很难想象，有 120 多家公司受雇于微软，它们在活动中出谋划策，制定有效策略，让各个部门去执行。另外，还有几千人组成的团队参与了这场营销活动，其中包括微软的高层管理人员、公司外部的软件销售商和当地的零售商。

为了保证团队的有效运行，微软组织了一个 60 人的团队专门从事整个活动的协调工作。

很快，Windows 95 就被全世界的人所接受和使用，微软的这场营销活动被看成是经典范例。之所以成功，更是团队合作的成果，可以说，没有微软各个部门、各个层次员工的共同协作乃至社会各界的相互合作，这场营销活动就不能成功举行，Windows 95 也不可能那么快就被世界熟知和采用。

一件事，往往会跨越多个领域，关系到多个部门，最神通广大的人可能也难面面俱到，罗宾汉式的“独行侠”只是传说，成功需要团队各股力量的配合。

西点法则：人生不要找借口

心理扫描

很多人认为，为人精明，做事能找到技巧，这些才是一个人的优势。一个老实巴交的人和拥有这些素质的人相比，可能就不会有什么优势。其实不然，做人要是不老实，总是找借口，不仅没有优势可言，甚至还会丧失原有的优势。有多少人因为借口而耽误了自己的前程！有多少人因为借口而错过成功的机会！

西点军人不管遇到什么事、什么任务都只有一个口号和一种态度，那就是："保证完成任务。"西点军校奉行的行为准则就是"没有任何借口"，其内涵是要求学员老老实实地去完成任何任务，哪怕是一项不可能完成的任务，也不能有任何借口，只要老老实实去做。人们将其强大的执行力称为"西点法则"。在西点军校，寻找任何借口、哪怕是拿出了最合理的借口，也会被视为是开脱自己、推卸责任的推辞。

有人统计，从第二次世界大战至今，西点军校培养出来的董事长有1000多名，还有许多高级管理人才，他们都分布在世界500强的企业里。

人们因此会问：为什么一个军事学校能培养出如此多的企业精英，它给其学员赋予了什么样的优势？于是，人们开始研究西点军校，研究者最后得出西点军校学员的优势只有6个字：没有任何借口。

一个老实人，做事的时候往往很少找借口，所以老实会成为一个人成功的优势。巴顿将军的故事充分说明了这个道理。

有一天，潘兴将军要将一封重要的信送给豪兹将军。但他并不知道豪兹将军在哪儿。关于豪兹将军的惟一一个信息是，他已通过普罗维登西区牧场。

让谁送这封信呢？潘兴将军有点为难，因为面对这项信息不全的任务，很多人会因为推脱而不能完成。这时，有人建议他，说有个叫巴顿的人可以完成这件事，因为对于分派到自己手里的任务，他都会老老实实地去执行并完成。

于是，潘兴将军命令巴顿去完成这个任务。

虽然所知道的情况远不足以找到豪兹将军，但军令如山，老实的巴顿没有说什么，他在天黑前就赶到了西区牧场。在那里，巴顿碰到自己的运输队，于是要了两名士兵和三匹马，顺着这个连队的车辙前进。

往前走了一段，巴顿遇到了自己的部队，这是一支侦察巡逻兵，刚从前线撤回来。他们告诉巴顿，千万不要再往前走了，因为前面的树林里就会有敌人。但老实的巴顿没有听，而是不顾危险继续往前走。

夜里，巴顿又遇到自己的一支骑兵巡逻队。他们对巴顿说，前面峡谷里到处都是敌人，让他千万不要往前走了。巴顿向他们打探豪兹将军的踪迹，巡逻队告诉他，他们也不清楚豪兹将军的踪迹。

尽管不知道豪兹将军所在的具体位置，但是老实的巴顿仍继续前进。

几天之后，历经艰辛的巴顿最后还是找到了豪兹将军，将潘兴将军的信交给了他。

就这样，巴顿完成了别人不可能完成的任务，成为了一则永远传颂的战地佳话。

在寻找豪兹将军的过程中，巴顿绝对有借口为保全自己的性命而返回，但是老实的巴顿没有，正是这种“没有任何借口”的精神，才让巴顿成长为一名伟大的将军。

成功总是属于那些不找任何借口去执行的人，而失败者通常是制造借口与托辞的专家。失败者总能想出各式各样的理由为自己辩解。“做起来难度太大了”，“客户不配合我有什么办法”，“我实在太忙，把这件事给忘了”，“时间太短了，怎么可能完成”等，听上去好像是合情合理的解释。殊不知，再完美的借口，都会被看成是对自己不负责任的开脱。所以，老老实实去做事，反而成了一个人的优势。

罗斯是公司里的金牌销售员，业绩一直名列前茅。有人说，在不久的将来，他一定会成为公司的销售总监。

有一次，他负责公关的一笔业务被竞争对手抢先拿走了。因为是竞争不力失去了这笔业务，但事后为了维护面子，罗斯向上司解释说是因为自己的腿伤发作，自己比对手晚去了半个小时造成的。上司知道罗斯很有能力，工作一直也很卖力，而且腿也是因当年出差伤的，所以上司相信他的话，并未对他有任何责备之意。

后来，罗斯看到腿伤是他推卸责任的好借口，于是一碰到难办的业务就找借口能推就推，好办的差事能争就争。更可怕的是，自己的业务一旦没有按照公司的要求完成，他就找出种种借口为自己开脱。慢慢地，找借口成了他的习惯

一年后公司按绩效施行裁员，罗斯被公司辞退了。

因为罗斯太精明了，所以丧失了原有的优势。所以，当你遭遇了困难，或者自己没有完成某项工作的能力，请先不要给自己找推卸责任的理由，而是专心去找解决问题的方法。能取得成功优势的人，绝不是他们都有超凡的能力，他们最大的优势就是：遇事只去为成功找方法，绝不为失败找借口。

第六辑

找到成功的入口

成功离我们每个人都很近，只是很多时候我们找错了入口。成功究竟离我们有多远？马登说：“成功离我们只有一厘米的厚度。”那么，人性的盲点就是阻碍我们成功的那不足一厘米的厚度。或者是转个弯，或者是一回头，或者是一个侧目，你就能找到成功的入口。

布里丹毛驴效应：优柔寡断后患无穷

心理扫描

凡事不想一想就行动，那叫莽撞，往往会导致后患。但想得太多，翻来覆去，瞻前顾后，则容易陷入犹豫不决的狐疑之中，导致优柔寡断。因此，做事情需要坚决果断。

法国哲学家布里丹养了一头小毛驴，每天向附近的农民买一堆草料来喂。

这天，送草的农民出于对哲学家的景仰，额外多送了一堆草料，放在旁边。这下子，毛驴站在两堆数量、质量和与它的距离完全相等的干草之间，为难坏了。它虽然享有充分的选择自由，但两堆干草价值相等，客观上无法分辨优劣。于是，它左看看，右瞅瞅，始终也无法决定究竟选择哪一堆好。

于是，这头可怜的的毛驴就这样站在原地，一会儿考虑数量，一会儿考虑质量，一会儿分析颜色，一会儿分析新鲜度，犹犹豫豫，来来回回，在无所适从中活活地饿死了。

在每一个人的生活中经常面临着种种抉择，如何选择对人生的成败得失关系极大，因而人们都希望得到最佳的抉择，常常在抉择之前反复权衡利弊，再三仔细斟酌，甚至犹豫不决，举棋不定。但是，在很多情况下，机会稍纵即逝，并没有留下足够的时间让我们去反复思考，反而要求我们当机立断，迅速决策。如果我们犹豫不决，就会两手空空，一无所获。

做人要果敢，也就是面对选择、挑战的时候要坚决，面对困难的时候要勇敢，不临阵脱逃。因为人生都是捉摸不定的，好机会往往稍纵即逝。如果不及时下决心，错过之后就会后悔莫及。机不可失，时不再来，这是一个浅显的道理。

但古人还有另一句话：“三思而后行，谋定而后动。”这句名言是克服冲动的最佳良药。这句警言不但应该让那些冲动的人熟记，而且也应该让所有的人深刻领会。

为什么要“三思而后行”呢？因为问题的发生是由许多因素造成的，单凭直觉或只是简单的思考一下，很难得出结论，往往需要一段时间的分析、归纳、总结或者调查研究，才能理出头绪。有的时候，还有被人制造假象，提供虚假线索的可能，不小心就有误入歧途的危险，所以思维要精细缜密。思考一遍还不够，还需要再检查一遍，然后再做决定，以确保行动的万无一失。

但是，“三思而后行”不能作为优柔寡断的借口，因为在闯荡的时候，有些事情是必须果断处理的，正所谓当断不断，反受其乱。

德国伟大的诗人歌德曾经说过：“长久地迟疑不决的人，常常找不到最好的答案。”

在丛林中，有一只老虎正在觅食。茂密的松林遮蔽了老虎的视线，它不知道此时猎人布置的陷阱就在附近。这时，老虎看到前方有猎物出现，于是奋力追赶。忽然老虎的脚掌被一个铁夹子夹住了。老虎想挣脱束缚，但是铁夹子把它牢牢地固定在了原地。这时，手拿猎枪的猎人出现了，他一步步向老虎逼近，老虎似乎感觉到了死亡的预兆。眼看着就要端起猎枪的猎人，老虎不再犹豫，它用尽全身的力气，猛地挣脱了固定铁夹子的铁链。但是，老虎的脚掌却留在了铁夹子上。老虎忍痛离开了这个危机四伏的危险地带。

老虎断了一只脚自然是很痛苦的，但是因此而保存了性命，就是聪明的选择，所谓“断尾求生”正是如此。当我们面临艰难的抉择时，也应该像求生的老虎一样，果断地做出取舍，不要犹豫不决，才能把握住机会。

但是，在现实生活中做事果敢的人并不是很多。相反的，只要你认真观察周围的人，就会发现，有很多人都是在关键时刻左顾右盼，进退两难，就在这种情况下错过了时机。在个人成长过程中面对选择与取舍时，要学会在思考后当机立断。只有这样，才会不拖延时间与机遇。

先哲曾说过这样一句名言：“犹豫不决是以无知为基础的。”这是因为这类人对事物、对工作的处理方式，总是缺乏快速、敏捷的分析与判断。对工作缺乏全局的理解和判断，不能审时度势，不能抓住问题的要害，因而显得非常没有效率。所以，英国大文学家莎士比亚说得好：“智虑是勇敢的最大要素。”

犹豫不决是效率的敌人，也是成功的障碍。在患得患失之后你会发现机会已经溜走了，那么再埋怨和懊恼又有什么用呢？有勇气、有智慧、有胆略的人是不会犹豫不决的，他们懂得把握机会、速战速决。只有牢牢把握住效率的先机，才会走向成功。

困驴效应：学会和逆境抗争

心理扫描

如果把工作比做一场战争的话，你就是在战场上冲锋陷阵的战士，工作中的各种挑战就是你的敌人，面对敌人时，不能有任何谦让，否则，敌人就可能让你丧命。要成为战争的胜利者，就要具备百折不挠、永不放弃的战斗精神。

当身处逆境，消极的人喜欢用悲观的思维去处理，他们不敢面对，容易做出退缩和逃避的反应。积极的人则正好相反，他们总是努力寻找解决问题的方法，乐观迎上，敢于接受命运的挑战。

从前，一位农夫带着头老驴去赶集。在路上，突然老驴不小心跌进了猎人的陷阱。农夫听到驴子的声声哀鸣，目睹它的困境，想了很久之后，断定救不了它，但又不忍心看着它痛苦而死。于是，农夫决定把老驴闷死，以便使它早些脱离苦海。

当农夫开始往陷阱里填土时，老驴几乎被吓疯了，但求生的本能使它没有就此放弃。每次土打到驴背上，它就用力抖掉，然后踏着土块，往上走一步。老驴不停地抖掉背上的土，不停地往上走。不管土块打在背上有多疼痛，倔强的老驴就是不放弃。不知道过了多久，那头筋疲力尽、伤痕累累的老驴，终于安全地回到地面。夺它性命的泥土，最后却拯救了它的性命。

任何生命都有强烈的求生欲望，热爱生活是生物存活于世的本能。撇开农夫的用意不谈，驴面对突如其来的不可抗拒的困境，并没有灰心丧气，而是做出积极应对，使得原本要埋葬它的泥土堆，最终却拯救了它，这是智慧和勇气的结合，这就是“困驴效应”。日常生活中我们可以看到很多好事与坏事相互转化的例子，不胜枚举。

美国密执安大学教授卡尔·韦克是一个著名的管理行为学者，他曾经做过这样一个实验：把蜜蜂和苍蝇装进玻璃瓶，然后将瓶子平放，让瓶底朝着窗户，可以发现蜜蜂不停地想在瓶底上找到出口，一直到它们力竭而毙；而苍蝇则在不到两分钟之内，就穿过另一端的瓶颈逃逸出来。

之所以出现这种结果，不仅是由于蜜蜂对光亮的喜爱，更在于聪明的蜜蜂认为，囚室的出口必然在光线最明亮的地方，它们不停地重复着这种合乎逻辑的行动。对蜜蜂来说，玻璃是一种神秘的东西，它们在自然界中从没遇到过这种不可穿透的大气层，它们的高智力使得它们对这种奇怪的障碍显得无法接受和不可理解。那些愚蠢的苍蝇则对事物的逻辑毫不留意，全然不顾亮光的吸引，四下乱飞，结果误打误撞地碰上了好运气，并因此获得自由和新生。

所以，困驴效应给了我们这样的启发：无论我们遭遇了什么样的困境，都不能认命，要学会和命运抗争，这样，才能走向成功。因为这个世界上，成功永远属于强者，属于精神上的强者——那些不会被困难打垮的强者，在这里，弱者只能得到同情和怜悯，精神上的弱者永远不可能取得成功。

丘吉尔有一次去参加牛津大学的一个讲座，那一天到来之时，全世界各大新闻媒体都前往参加，会场上人山人海，水泄不通。人们都去恭听这位政治家、外交家的成功秘诀。丘吉尔上台之后用手势止住大家震耳欲聋的掌声后，说：“我的成功秘诀有三个：第一是，绝不放弃；第二是，绝不、绝不放弃；第三是，绝不、绝不、绝不放弃！我的演讲结束了。”说完就走下了讲台。

台下安静极了，一分钟后，礼堂里爆发出热烈的掌声。

成功并不是总那么耀眼辉煌，有很多我们还不知道、不能想象的难度和挑战。取得成功不是靠多么壮观的方式，而是靠不断的努力和不停的坚持。“路漫漫其修远兮，吾将上下而求索。”成功是在一次次失败中慢慢获取的，只有肯于继续求索而不是放弃的人才会找到它。

枪手博弈：竞争制胜关键在策略

心理扫描

自己没有实力，又遇到强劲的对手，在这样的竞争中，很多人往往不堪抗争，会束手就擒。其实，竞争不仅仅是实力的比拼，更是策略的对垒。实力弱的不一定输，实力强的也不一定赢。所以，在任何时候，我们都不要放弃竞争。

枪手博弈指在多人博弈中常常存在很复杂的关系，一位参与者最后能否胜出，不仅取决于自己的实力，更取决于实力对比关系以及各方的策略。

甲、乙、丙三个枪手彼此仇视，互不相容。有一天，他们在街上不期而遇。一时间，氛围紧张到了极点。在这三个人中，甲的枪法最好，十发八中；乙的枪法次之，十发六中；丙的枪法最差，十发四中。如果三人同时开枪，并且每人只发一枪；第一轮枪战后，谁活下来的机会大一些？

在这个问题中，很多人认为甲的枪法好，活下来的可能性大一些。但结果并非如此，存活概率最大的是枪法最差的丙。

只要分析一下各个枪手的策略，就能明白其中的原因了。

枪手甲的最佳策略是先对枪手乙开枪。因为乙对甲的威胁要比丙对甲的威胁更大，甲应该首先干掉乙。同理，枪手乙的最佳策略是第一枪瞄准甲。乙一旦将甲干掉，乙和丙进行对决，乙胜算的概率自然大很多。枪手丙的最佳策略也是先对甲开枪。乙的枪法毕竟比甲差一些，丙先把甲干掉再与乙进行对决，丙的存活几率还是要高一些。

那么三个枪手在上述情况下的存活几率分别为：

甲：24%（被乙、丙合射 40%×60%=24%）。

乙：20%（被甲射 100%－80%=20%）。

丙：100%（无人射丙）。

从上述心理及概率分析，我们发现枪法最差的丙存活的几率最大，甲和乙的存活几率远低于丙的存活几率。

如果改变游戏规则，假定甲、乙、丙不是同时开枪，而是轮流开一枪。先假定开枪的顺序是甲、乙、丙，甲开枪将乙干掉后（80%的几率），就轮到丙开枪，丙有 40%的几率一枪将甲干掉。即使乙躲过甲的第一枪，轮到乙开枪，乙还是会瞄准枪法最好的甲开枪，即使乙这一枪干掉了甲，下一轮仍然是轮到丙开枪。无论是甲或者乙先开枪，丙都有在下一轮先开枪的优势。

如果是丙先开枪，情况又如何呢？

丙可以先向甲开枪，即使丙打不中甲，甲的最佳策略仍然是向乙开枪。但是，如果丙打中了甲，下一轮可就是乙开枪打丙了。因此，丙的最佳策略是胡乱开一枪，只要丙不打中甲或者乙，在下一轮射击中他就处于有利的形势。

从这个模型中，我们发现，三个枪手中实力最强的甲的存活几率最低。枪手博弈告诉我们，不论是强者还是弱者，不要以为自己实力最强，存活几率就最高，如何采取恰当的策略才是取胜的关键。

马太效应：贫者越贫，富者越富

心理扫描

仇富心理是怎么来的？因为在“赢家通吃”的社会里，游戏规则往往都是赢家制定的。任何个体、群体或地区，一旦成为竞争的优胜者而占据了有利的位置，就会产生一种累积优势，以后就有更多的机会获取所需。这种不公平的现象造成了很多人的仇富心理。

马太效应来自于《圣经》中的一个故事。《新约·马太福音》有这样的记载：

一个国王远行前，交给三个仆人每人一锭银子，吩咐他们：“你们去做生意，等我回来时，再来见我。”国王回来时，第一个仆人说：“主人，你交给我的一锭银子，我已赚了10锭。”于是国王奖励了他10座城邑。第二个仆人报告说：“主人，你给我的一锭银子，我已赚了5锭。”于是国王便奖励了他5座城邑。第三个仆人报告说：“主人，你给我的一锭银子，我一直包在手巾里存着，我怕丢失，一直没有拿出来。”于是国王命令将第三个仆人的那锭银子赏给第一个仆人，并且说：“凡是少的，就连他所有的，也要夺过来。凡是多的，还要给他，叫他多多益善。”

这就是马太效应的故事。它的寓意是贫者越贫，富者越富。

20世纪60年代，著名社会学家罗伯特·莫顿首次将“贫者越贫，富者越富”的现象归纳为“马太效应”。有人用“滚雪球”这一形象的比喻来表述马太效应：如果你是幸运的，你的雪球会越滚越大；如果你是不幸的，你的雪球总会滚到热带去。那么，是什么决定了雪球的大小呢？简单说，就是“资源”。资源可以解释为做某事所须具备的某些条件。资源包括金钱、设备以及所拥有的任何看得见的物质财富；也包括创意、理念、知识、技能以及其他素质；还可表现为人际关系、某种资格或特殊的机遇。其实，马太效应中所谓“强”与“弱”，就是指其可掌握和使用的资源多与寡。

日常生活中的例子比比皆是：朋友多的人，会借助频繁的交往结交更多的朋友，而缺少朋友的人则往往一直孤独；名声在外的人，会有更多抛头露面的机会，因此更加出名；容貌漂亮的人，更引人注目，更有魅力，也更容易讨人喜欢，因而她们的机会比一般人多，有时一些机会的大门甚至是专门为她们敞开的，比如做演员、模特；一个人受的教育越多，就越可能在高学历的环境里工作和生活。

金钱方面也是如此：如果投资回报率相同，一个本钱比别人多10倍的人，收益也多10倍；股市里的大庄家可以兴风作浪，而小额投资者往往血本无归；资本雄厚的企业可以尽情使用各种营销手段推广自己的产品，而小企业只能在夹缝里生存。

可以说，无论是在生物演化、个人发展等领域，还是在国家、企业间的竞争中，“马太效应”都普遍存在。

对于搜索引擎来说，马太效应是一条暗规则。10年的发展期过后，Google、Yahoo等已经成为市场的绝对主流，利润的分享趋向于这些超大型的搜索引擎，而不是中小型的搜索引擎。

由此，我们可以看出，在激烈的市场竞争中，要想保持优势，必须加速发展，把事业做大做强。如果能在某个方面成为领跑者，即使回报率与别人相同，你也能更轻易地获取比弱小的竞争者更大的收益。而若没有实力迅速在某个领域保持超人的优势，就要不停地寻找新的发展领域，只有这样，才能保证获得较好的回报。需要记住的是，千万不能停止、等待、观望和固守，因为别人也许正在觊觎你手中的那锭银子。

手表定律：人生只需要目标

心理扫描

绝大数人对于自己未来的目标及希望，只存有模糊不清的印象，因而他们通常到达不了目的地。试想，一个人没有目标，又如何到达终点呢？明确的目标能够对生活产生巨大的影响力。它使得我们的努力凝聚到一处，并为我们的工作指明奋斗的方向，因而我们的每一步都稳重而有力，我们的每一步都是朝着目标前进。

只有一只手表，你可以确定是几点，拥有两只或两只以上的手表，你却无法确定是几点；两只手表并不能告诉一个人更准确的时间，反而会让看表的人失去对准确时间的信心。这就是著名的“手表定律”。它的提出者是英国心理学家萨盖，因此手表定律也叫萨盖定律。

在生活中，也会经常遇到类似的情况。择业时，地点、待遇不分伯仲的两家单位，你将何去何从？在学校两门选修课都是你所感兴趣的，但是授课时间重合，而你又没有足够的精力学好两门课程，这个时候你很难做出选择。面对两个同样优秀、同样倾心于你的女孩子，你也一定会苦恼许久，不知该如何做出决断。在人生的每一个十字路口，我们都要面对“鱼与熊掌不能兼得”的苦恼。

“手表定律”给我们非常直观的启发：对一个人来说，不能同时设置两个不同的目标，否则将使他无所适从；一个人不能同时选择两种不同的价值观，否则，他的行为将陷于混乱。我们应该明晰自己的优劣势，根据自己的兴趣、特长，合理选择一个行业，把握好正确方向，并集中最有效资源全力以赴。这样才能走向成功。

德州仪器公司的口号是："写出两个以上的目标就等于没有目标！"

德州仪器是个已经走上正轨的公司，前任总裁哈格蒂曾花了10年的时间制定目标、战略以及制度，他的重点即在取消僵化的沟通模式，培养所有员工的责任心。

德州仪器公司只认定一个事实："我们曾身临其境，并已克服种种困难。以前每个经理都有一组目标，然而经过我们不断地削减后，现在每个产品—顾客中心的经理都只有一个目标。因而你绝对可以期望他们实现那个目标。"

"两个以上的目标等于没有目标"的说法正是德州仪器公司最好的战略，他们在经营上的成功就是这个战略最好的注解。

同样的，我们的人生目标也是由一个具体的目标所指引的，如果有太多的目标，我们就会失去方向。

所以说，人生是受目标驱使的，目标就是由一个一个的目的组成的。

生活中有很多人没有确定的目标和抱负，没有规划良好的人生计划，而只是一天天地得过且过，对此我们不能不感到触目惊心。在生活的海洋中，我们随处都可以看到这样一些人，他们只是毫无目标地随波逐流，既没有固定的方向，也不知道停靠在何方，他们在浑浑噩噩中虚掷了许多宝贵的时光。他们在做任何事时都不知道其意义的所在，他们只是被挟裹在拥挤的人流中被动前进。如果你问他们中的一个人打算做什么，他的抱负是什么，他会告诉你他自己也不知道到底要去做什么。他只是在那儿漫无目的地等待机会，希望以此来改变生活。

拿破仑·希尔说："没有目标，不可能发生任何事情，也不可能采取任何步骤。如果一个人没有目标，就只能在人生的路途上徘徊，永远到不了任何地方。"生命本身就是一连串的目标。没有目标的生命，就像没有船长的船，这船永远只会在海中漂泊，永不会到达彼岸。

义清公司总裁杨林在青年时期确定的目标是：建议人们要有信仰和信念，要有积极进取的态度，借此充分发挥个人的潜能，度过充实的人生。杨林把这个目标写在卡片上，以后有好几年都一直放在上衣口袋里。

杨林偶尔也会设定其他目标，所以把每一张卡片都放在口袋里，就这样他的口袋总是装满了写上目标的卡片，每实现一个目标，就取出那张卡片。除此之外，杨林也把应用这个方法的朋友想要达到的目标抄下来，放在自己的口袋里，祈愿他们能够梦想成真。

杨林常与从事推销工作或商界的人士谈及这个实现目标的方法，有不少人使用这个方法获得了成功。

例如，杨林有一位朋友是做保险的，有一次杨林受邀请去参加他们公司举办的全国性聚会演讲，在公司介绍这位朋友时，杨林深深地感受到他就是无数富有者中的一个。

这个人是一个什么样的人呢？他也和大家一样，是经过多次失败，最后才走向成功的，在他刚开始进入保险业时，尽管他努力投入保险推销工作，但业绩始终不理想。

有一次他来向杨林请教，杨林给他讲了一堂如何给自己树立目标的课，在听了杨林的建议后，他认识到自己之所以不成功，就是因为没有认真想过要创下纪录的原因，于是他采取更积极的态度，在心里描绘自己获得最佳业绩的情景，下定了创纪录的决心。

“这一年结束时，你获得了什么样的结果呢？”一年之后，杨林问他。

他回答说：“你能相信吗？营业额正好增加了50%。如果没有实行你教我的上衣口袋的方法，我可能仍旧徘徊在公司最低的业绩边缘。那个方法使我采取从来没有过的积极态度，激发了连自己都不知道的潜能。总之，我现在的业绩仍在持续增长中。”

“增加50%是很了不起的数字，在决定增加营业额时，你是怀着什么样的心情呢？”杨林问道。

他这样回答说：“说起来很奇怪，我觉得一定能实现。我是个基督徒，常到教会去，所以每天念《圣经》上的话给自己听，‘只要有一颗芥菜种子般大的信仰，就没有不可能的事。'《圣经》上所写的这些话真的很有用。现在就在我身上发生了效用，这是事实。"

"你做到了，不是吗？"杨林赞佩地问他。对方回答说："哪里。事情现在才刚刚开始呢。我要学习的东西太多了，一旦松懈，又会回到以前的样子，还会重复失败。我绝不会有'一切都已经完成'的想法，并因此心满意足，这是极大的错误。"

所以说，每个人手中都握着失败的种子，也都握着伟大的潜能。明确的目标是一件宝贵的工具，它是驱动一个人不断向上发展的原动力。

如果分析一下世界上的富有者，可以发现他们都有共同的特点，那就是他们都拥有人生的明确目标规划。为了完成目标，他们反复思考，努力实践，在积极地向自己的目标前进时，赢得了精彩的人生。

一个人若想拥有成功，首先要定义"成功"的界面，这个界面就是目标——一个明确的目标。它是所有行动的出发点。

抢画效应：抓住离自己最近的目标

心理扫描

生活中有这样一些人，他们有敢拼敢闯的精神，有超强的能力和人脉，有雄厚的资金。这些人看似拥有了成功所需要的全部优势，可遗憾的是，在成功的路上他们往往成了输得最惨的一群人。究竟是什么原因让这些人无缘成功呢？这些人失败的原因在于，他们没有抓离自己最近的目标。

贝尔纳是法国著名的作家，一生创造了大量优秀的小说和剧本，在法国影剧史上占有独特的地位。

有一次，法国的一家报纸进行了一次有奖智力竞赛，其中有这样一道题目：如果法国最大的博物馆卢浮宫失火了，当时的状况只允许抢救出一幅画，你会抢哪一幅？

结果，该报收到了成千上万个答案，有人说要抢救达芬奇的画，有人说要抢救最名贵的那幅画，有人说要抢救最有历史价值的那幅画……

贝尔纳的回答是："离出口最近的那幅。"

最后，竞赛的评委们一致认定贝尔纳给出了该题的最佳答案，应该获得奖金。原因是他的答案也许不是最完美的，但在失火的紧急情况下，却是最可靠的。

人们从中受到启发，抓住最近的目标你就能成功，并将其称为"抢画"效应。

在一个人有很多条成功的路可走，或者眼前有很多目标时，常会面临这样一个问题：自己该抓住哪个目标才更有胜算呢？几个人在果园中比赛摘苹果，在规定的时间内看谁摘的苹果个数最多。假如你想赢得这场比赛，只要选择离手最近的苹果就可以了。很少有人理解这个比喻的真正含义。

在一场水灾中，爱人和孩子同时落水，丈夫只救起了妻子，他们年仅十岁的儿子被洪水冲走了。

看到这个家庭的不幸遭遇，周围的人都表现出了同情。但是，人们开始争论这样一个问题：丈夫为什么不救自己的儿子呢？因为妻子已经年过四十，而孩子还很小。再说，妻子没有了，可以再娶一个，而孩子却不能。

一个心理学家听了这件事后，也很想知道丈夫当时是怎么想的，于是，他找到了那个丈夫，当面一问究竟。

了解了心理学家的来意后，丈夫用悲痛的语调答道："洪水袭来，当时的情形万分危急，我根本来不及想先救谁，看到妻子离我最近，我就伸手抓住了她。当我返回时，儿子已经不见了，他被洪水冲走了。"

说到这，丈夫流下了眼泪。

"很多人埋怨我们夫妻怎能忍心丢下年幼的孩子，可有谁知道，孩子离我太远了，要是去救他，说不定一个人都救不回来——至少我救回了妻子。"丈夫最后说。

"是呀，毕竟你从洪水中救回了妻子。"心理学家安慰他说。

面对两个亲人同时落水，先救谁？是一个很难抉择的问题，但是，这位丈夫给出了答案：救离自己最近的那一个。面对洪水，丈夫紧紧抓住离自己最近的妻子，这是最为现实和明智的，同时也是最为有效的。如果他放弃近处的妻子而去救远处的孩子，最后可能一个人也救不了。丈夫的选择是正确的，因为稳稳地救回一个胜过失去两个。

如果把有限的精力分散到太多的事情上，那样会疲于奔命，效率低下。因此，我们做事的时候，要把自己的精力集中到离自己最近的目标上来。

所以，当我们面对众多目标可以选择的时候，抓住离自己最近的目标，才有可能体现出最大的价值。只有把握好最近的目标，才可能得到实质性的回报。

马拉松效应：分解你的目标

心理扫描

一个大的目标往往是由很多小目标组成的，一个小目标很容易完成，一件看似难以完成的事，当我们把它看成是很多小目标，小目标给人带来的心理压力小，完成它就变得容易多了。所以，不管我们遭遇多大的难题，要学会分解它，用自己的优势和能力各个击破，这样就会赢得较大的成功。

马拉松效应又叫“山田本一效应”，此效应的起源是这样的：

1984年，在东京国际马拉松邀请赛中，名不见经传的日本选手山田本一出人意料地夺得了世界冠军。当记者问他凭什么取得如此惊人的成绩时，他说了这么一句话：“凭智慧战胜对手。”

当时许多人都认为这个偶然跑到前面的矮个子选手是在故弄玄虚。马拉松赛是体力和耐力的运动，只要身体素质好又有耐性就有望夺冠，爆发力和速度都还在其次，说用智慧取胜确实有些勉强。

两年后，意大利国际马拉松邀请赛在意大利北部城市米兰举行，山田本一代表日本参加比赛。这一次，他又获得了世界冠军。记者又请他谈谈经验。

山田本一性情木讷，不善言谈，回答的仍是上次那句话：“用智慧战胜对手。”这次记者在报纸上没有挖苦他，但对他所谓的智慧迷惑不解。

10年后，这个谜终于被揭开了。山田本一在其自传中是这么说的：

每次比赛之前，我都要乘车把比赛的线路仔细地看一遍，并把沿途比较醒目的标志画下来，比如第一个标志是银行，第二个标志是一棵大树，第三个标志是一座红房子……这样一直画到赛程的终点。比赛开始后，我就以百米的速度奋力向第一个目标冲去，等到达第一个目标后，我又以同样的速度向第二个目标冲去。40多公里的赛程，被我分解成这么几个小目标轻松地跑完了。起初，我并不懂得这样的道理，我把我的目标定在40多公里外终点线上的那面旗帜上，结果我跑到十几公里时就疲惫不堪了，我被前面那段遥远的路程给吓倒了。

后来，人们把山田本一分解马拉松路程的做法推广到很多领域，并将其称为马拉松效应。马拉松效应告诉我们：当你面对一个大目标的时候，把它分解成若干个小目标去完成，这样往往能更容易完成它。

生活处处都蕴含着获得成功的智慧，就看你能不能触类旁通。一个大苹果，一口吃下去，傻子都知道那会噎死自己的。但是，很少有人因此不去吃苹果，因为大家都知道，一口一口地吃就能顺利地将苹果吃下去。人不会因此放弃一个硕大的苹果，却常会因此放弃一个巨大的成功。有些人因为能力有限，在遇见一个大的目标时，往往会因无法“下咽”而放弃。遗憾的是，他们不会用吃苹果的办法去解决问题。

面对一个巨大的目标，很可能会因为实现这个目标难度太大而放弃。如果我们能把这个目标分成一个一个的小目标来实现的话，那么实现这个目标就容易很多了。我们可以运用“目标分解”法完成一个看似一个不可能完成的目标，这种方法能让一个人用小优势赢得大目标。

父子两个来到郊外，父亲指着一座山头说：“看见没有，今天我们就爬这座山，你看有什么问题吗？”

男孩一看山很高，一下子就吓懵了：“爸爸，这山也太高了。凭我的体力是不可能爬上山顶的。”

“是吗？山这样高，看样子对你来说是有点难，要不这样吧，我们先爬到那棵大树那里，这应该没问题吧？”父亲指着半山腰不远处的一棵大树说。

男孩说：“到那里肯定没问题。”

于是，父子俩结伴而行，很快他们就爬到了大树下。男孩正准备歇歇脚，父亲建议说：“能不能忍一下，等我们爬到那块突出的岩石那再休息，怎么样？”

尽管男孩这时已经累得气喘嘘嘘了，但他看到要走的距离并不远，就说：“好吧。”

于是两个人很快又爬到了那块突出的岩石那。

就这样，每次要到目的地的时候，父亲都会再指出一个新的目的地，男孩也都顺利地到达了。

不知道经过了多少预定的地点，忽然父亲对男孩说：“孩子你看一下，我们到什么地方了？”

男孩放眼一看：“啊，我们已爬到了山顶！”

男孩高兴地在山顶欢呼雀跃。

父亲问男孩：“刚才，你为什么觉得自己无法爬到山顶？”

男孩回答说：“我看到山很高，心里就害怕了，对自己就没有了信心，所以觉得自己爬不上去。”

“可是，事实是你现在就站在山顶上呀！”父亲说。

男孩回答：“在爬山的时候，可能我根本就没有去想爬到山顶，我只想爬到你说的那个最近的目标。”

父亲笑着说：“其实，很多事就像爬山，比如做一件事，假如目标太大，对其产生畏惧的心理是很正常的。这时，最好是将你要做的事分成一个个小块，因为完成一个小目标比完成一个巨大的目标要容易得多。”

按照男孩的能力，他不能一下子爬到山顶，只能爬山的一小段路程。但父亲通过爬山让他明白，一个人虽然能力有限，但在遇见大的目标时，不妨将其分成一些小的目标来完成，可以把自己任何长远的目标都分成若干个小目标来完成，每一秒钟都对自己的未来充满信心，不断地完成阶段性的目标，取得小胜利，一步一步离最终目的越来越近，最终获得成功。

鲦鱼效应：只有创新才能胜出

心理扫描

人类最伟大的品质之一便是具有无穷的创造性，它就像一颗颗耀眼的明珠，一路点缀着人类文明历史的进程。创造力对一个人来讲就是推动它走向成功的一只巨手！所以，我们要摒弃追随心态。

鲦鱼因为个小体弱而常群居，并以强健者作为自然头领。将自然头领控制行为的部分后脑切除后，此鱼便失去自制力，行动也发生紊乱，但群体中其他鲦鱼却仍然像从前一样盲目追随。这就是由德国动物学家霍斯特提出来的鲦鱼效应。在成功学上常引申为：一个人的失败往往是盲目跟随造成的。很多人是像鲦鱼一样盲从的群体，从来都不尝试创新。

在水果店里，顾客们买水果的时候总喜欢自己随意挑选，但这样却常常把已摆好造型的水果弄乱，而且碰撞过以后，也不容易保存了。

“为什么不把水果挂在树上卖呢？那样顾客不但觉得更有意思，而且只要一摘下来，顾客就不好意思不买走了。”威廉向老板倡议道。老板也认为是个好注意，就马上接受了威廉的倡议。

几天后，水果店门口贴出一张新奇的海报："新鲜苹果，顾客可以现摘现买！"

好奇的顾客都进来想看个究竟，果然，在店中立了两棵巨大的苹果树，仔细一看，苹果树是假的，不过上面挂的红透了的大苹果却是真的。

兴奋不已的顾客纷纷上前采摘这些苹果——当然，他们要付钱，而且还比堆起来的苹果贵一些。

初战销售效果显著，紧接着威廉又建议老板栽种各种其他的果树，如梨、李子、桃等。随着生意越做越好，后来威廉建议老板干脆连"果树"也一起卖，人们买回家，不但能随吃随摘，还能享受一番田园气息！

就这一招，水果店就发了大财。当然，威廉也因自己的创造性而成了水果店的合伙人之一。

世界上一切伟大的成就，无一不是创造的结果！而在富有创造才华的人眼里，几乎随时都可以找到伟大的发现。

美国著名的制笔公司华特门公司的创始人李维斯·华特门一开始是一名保险推销员。

有一天，他好不容易说服一位顾客购买保险，不料顾客在签名时钢笔渗漏的墨水染黑了签名的地方。就在他跑回去换保险单的时候，那个顾客已被别人抢跑了。华特门也一气之下不卖保险了，他发誓要研究出一种永远不会漏水的钢笔。

经过数年的研究和上百次的实验，他终于成功了！他的笔是当时世界上最完美，永远耐用，绝对不会漏墨水的钢笔。

他为自己申请了专利，改行卖笔，并且于1883年成立了华特门钢笔公司。

现在华特门钢笔公司在世界上100多个国家每年卖出超过1亿美元的钢笔，最贵的每支2000美元，最便宜的每支也在100美元以上。

我们通过对许多成功者的考察发现，他们都存在着一个显著特征：遇事头脑冷静，面对问题思维灵活、解决问题机动多变，总是能找到多种方案，而不是一味地钻牛角尖。也就是说，这些成功者之所以能闯出一片天地，就在于他们惯于充分培养、发挥自己思维的创新能力。

布里斯定理：好的计划是成功的开始

心理扫描

计划无非就是把要做的事情一一排列出来而已，主要是为了防止丢三落四。当你面前摆着一大堆问题时，在做计划之前应先问问自己，哪些是真正重要的，把它们作为最优先处理的问题。如果你听任自己让紧急的事情左右着，你的生活就会充满危机。

美国的几个心理学家曾做过这样一个实验：把学生分成三组进行不同方式的投篮技巧训练。第一组学生在20天内每天练习实际投篮，把第一天和最后一天的成绩记录下来。第二组学生也记录下第一天和最后一天的成绩，但在此期间不做任何练习。第三组学生记录下第一天的成绩，然后每天进行实际练习，并花20分钟做想象中的投篮；如果投篮不中时，他们便在想象中做出相应的纠正。实验结果表明：第二组没有丝毫长进；第一组进球增加了24%；第三组进球增加了26%。由此，他们得出结论：行动前进行头脑热身，构想要做之事的每个细节，梳理心路，然后把它深深铭刻在脑海中，当你行动的时候，就会得心应手。

这个实验告诉我们的就是计划的重要性。做事没有计划，行动起来就必然会是一盘散沙。只有事前拟定好了行动的计划，梳理通畅了做事的步骤，做起事来才会应付自如。这就是布里斯定理。

有一位公司的经理去拜访卡耐基，看到卡耐基干净整洁的办公桌感到很惊讶。他问卡耐基："卡耐基先生，你没处理的信件放在哪儿呢？"

卡耐基说："我所有的信件都处理完了。"

"那你今天没有干的事情又推给谁了呢？"那位经理紧追着问。

"我所有的事情都处理完了。"卡耐基微笑着回答。

看到这位公司经理困惑的神态，卡耐基解释说："原因很简单，我知道我所需要处理的事情很多，但我的精力有限，一次只能处理一件事情，于是我就按照所要处理的事情的重要性，排列一个顺序表，然后就一件一件地去处理。结果，完了。"说到这儿，卡耐基双手一摊，耸了耸肩膀。

"噢，我明白了，谢谢你，卡耐基先生。"

几周以后，这位公司的经理请卡耐基参观其宽敞的办公室，说："卡耐基先生，感谢你教给了我处理事务的方法。过去，在我这宽大的办公室里，我要处理的文件、信件等，都是堆积得和小山一样，一张桌子不够，就用三张桌子。自从用了你说的法子以后，情况好多了，瞧，再也没有没处理完的事情了。"

这位公司的经理，就这样找到了处事的办法，几年以后，成为美国成功人士中的佼佼者。

高效的计划是要先后有序的。在你决定哪些是"首要之事"以后，时刻把它们放在首位就是计划了。计划是一种纪律，是一种贯彻。计划是设定目标，以及决定如何达成目标的过程。这个过程包含信息的收集整理、分析归纳，目标的思考与设定，执行方案的构想、比较与决策，组织内外的沟通协调，必要资源的分析、统计与组合以及过程中所遇到问题的解决等。计划的过程本身充满挑战，对思维能力是极大的考验，要想成功，擅长制定计划是必要的第一步。

霍布森选择效应：让自己有更多的选择

心理扫描

在工作与生活中，当我们面临“两难”问题时，应该学会以“两全其美”的方式去处理。而要两全其美，往往需要考虑是否有第三种方式或道路。

托马斯·霍布森是英国剑桥一名从事运输业的商人，他开了一个租马行，专门为顾客提供租马服务。霍布森愿意把所有马匹都拿出来供顾客挑选，但他会附加一个条件：只允许顾客挑选最靠近门边的那匹马。因为他认为，最靠近马房门口的马，得到休息的时间最长，因而最好。因此，凡是到他家租马行租马的人，都必须按照他的见解，牵最靠近马房门口的那匹马，不得挑选。他说，买我的马、租我的马，随你的便，价格都便宜。霍布森的马房大、马匹多，然而马房只有一个小门，高头大马出不去，能出来的都是瘦马、小马，来买马的左挑右选，不是瘦的，就是赖的。因为只能在门口这个范围选，空间就小。很显然，这种附加条件等于告诉顾客没有选择。

这个典故后来被研究决策学的诺贝尔奖获得者西蒙称为“霍布森选择”或“霍布森思维”。因此，在牛津词典里面，“Hobson's choice”就解释成了“no choice”（根本就没有选择的余地）。

心理学家指出：好坏、优劣只有在对比选择中才能产生，不拟定出一定数量和质量的方案供选择，就不可能做出合理的判断。如果只有一种判断，还需要说“Yes”或“No”，这不能称其为判断。只有在许多可供对比的方案中进行选择，并能够在充分了解的基础上判断，才能称得上科学的决策。因此，没有选择余地的选择就等于扼杀创新。如果陷入“霍布森选择”困境，就无法进行发展、创造性的工作和生活。

在你的工作和生活中，是否会遇到这种状况：摆在面前的只有两条道路：要么这样做，要么那样做。但是，不管你选择哪一条，都会有不好的后果和影响。

这实际上是出现了“两难”的局面。两难问题是所有问题中，受限制最大、最难解决的问题。因为无论选择哪一种，都有利有弊，处于进退维谷的困境。

这时候，我们该怎么办？“当两条路摆在你面前时，学会选择第三条。”“非此即彼”的选择，未必是最好的选择。对第三条道路的考虑，可能是最好的选择。

有人曾经出了一个游戏题目：“如果把你关在一间没有窗户的很坚固的房子里，再把门锁好，不给你饭吃，不给你水喝，你如何从房子里走出来。”

许多人绞尽脑汁也没有想出合适的办法，最后一个7岁的小孩子轻松地解决了这个题目，他说：“我不玩了。”

结果就这么简单。

出题的人总想让别人按照他指定的方式去思维，没想到小孩子却来了个逆向思维：这个游戏我不玩了，不就出来了吗？

著名科学家诺贝尔曾说过：凡是能够成功打破常规的，都能在人生之路上赢得成功。很多时候，我们没有达到目标，只是因为我们心中有一种局限，不能突破自我。

德西效应：成功就是做自己感兴趣的事

心理扫描

由物质所激发的动力，在一定程度上是淡薄的，也是短暂的。正确的做法应该是：做自己感兴趣的事，这样就能获得恒久的动力。

当一个人进行一项愉快的活动时，给他提供奖励结果反而会减少这项活动对他内在的吸引力。在某些时候，外加报酬和内感报酬兼得，不但不会使工作的动力倍增、积极性更高，其效果反而会降低，变成是二者之差，这就是著名的“德西效应”。

德西效应的启示是：培养个人做事时积极主动、持之以恒和坚韧不拔的意志，仅靠物质刺激远远不够，还需要个人对所做的事充满兴趣。

几乎每一个人在小时候都会被问到：“你长大了要做什么？”“要当科学家”、“要当文学家”、“要当歌星”、“要当总统”……但是随着年龄的增长，这些儿时的梦想就像美丽的肥皂泡一样破灭了。看看你周围的人，有几个人现在从事的职业就是儿时的梦想？可以说是寥寥无几。造成这种现象的原因是，自己的期望和兴趣相悖。所以，能否找到自己最感兴趣又最能发挥自己特长的工作往往决定着一个人的前途和命运。然而许多人既不知道自己对什么最感兴趣，又不知道自己的特长是什么，因而也不知道什么样的工作最适合自己。

美国作家马克·吐温曾经过商，第一次他投资于打字机，因受人欺骗，赔进去 19 万美元；第二次办出版公司，因为是外行，不懂经营，又赔了 10 万美元。两次共赔将近 30 万美元，不仅把自己多年心血换来的稿费赔个精光，而且还欠了一屁股债。

马克·吐温的妻子奥莉娅深知丈夫没有经商的才能，却有文学上的天赋，便帮助他鼓起勇气振作精神，重新走上创作之路。终于，马克·吐温很快摆脱了失败的痛苦，在文学创作上取得了辉煌的成就。

作家斯贝克一开始并没有意识到自己会成为作家，曾几次改行。开始，因为他身高一米九多的优势，爱上了篮球运动，成为市男子篮球队员。因为球技一般，年龄渐长，又改行当了画家。他的画技也无过人之处，当他给报刊绘画时，偶尔也写点短文，终于发现自己的写作才能，从此走上了文学创作的道路。

马克·吐温和斯贝克的经历告诉我们，一个人只有从事自己感兴趣的工作，才能取得非凡的成就。

曾经有位中学生向比尔·盖茨请教成功的秘诀，比尔·盖茨说：“做你所爱，爱你所做。”比尔·盖茨哈佛大学未毕业就经营电脑软件去了。他是世界上最早发现自己长处的人之一，他获得成功就在于他把自己的长项变成了一种事业。

大凡成功者，他们成功的关键都是掌握了自身的优势，并加倍强化这种优势，完全投入到自己所喜欢的项目之中，将这种富有特长的兴趣爱好发挥到极致。因此，在选择自己的事业时，不要问自己可以赚多少钱或可以获得多大名声，而应该问自己对那些工作是不是感兴趣。

不值得定律：用积极的心态做事

心理扫描

我们每个人都佩带着隐形护身符，护身符的一面是积极的心态，一面刻着消极心态。心态在很大程度上决定了自己的成败。如果在事情开始的时候你就抱着自我否定的态度，那么你最终也不会取得成功。

不值得定律最直观的表达为：不值得做的事情，就不值得做好。这个定律反映出人们的一种心理，一个人如果从事的是一份自认为不值得的事情，往往会持冷嘲热讽、敷衍了事的态度。不仅成功率小，即使成功，也不会觉得有多大的成就感。其实，不值得定律所反映的是一个人对事情的态度对事情成与败的影响：你觉得行，你成功的可能性就大；要是觉得自己不行，那成功的可能性就小。

可以这样说，你是惟一能够决定自己命运的人。当你开始运用积极的心态并把自己看做成功者时，你就成功了。

尼克在戴维斯的店里学习经商已经三年了，可他依旧什么都做不好。一次戴维斯在一个小餐馆里遇到了尼克的父亲，便诚恳地对他说："约翰，我们是多年的好友，不愿使你日后懊悔，我说话直爽，喜欢讲老实话。尼克的确是个踏实稳重的好孩子，但即使他在我店里学一百年，也不会成为一个优秀的商人，因为他生来就不是做商人的料。约翰，你还是带他回去，教他挤牛奶吧！"

尼克被父亲带回家后，帮父亲经营农场。一次很偶然的机会，他到了芝加哥，亲眼看见许多原本贫穷愚钝的孩子做出了惊人的事业。这激起了他做大商业家的决心。他自问："别人能做惊人的事业，我为什么不能做呢?"

回到家后他对父亲说他想开一家商店。父亲劝他打消这个念头："你天生就不是个商人。"但尼克自信地向父亲保证他一定会成功。起初，尼克的经营很不成功，但他不断地进行尝试，很快就找到了成功的经营方法。他的小店红火起来了，只用了几年时间，他的商店遍及他所在州的城乡，令戴维斯和他的父亲十分惊讶。现在，已经拥有几亿资产的尼克感慨地说："什么事都是可以办到的。只要你去掉那些阻碍自己前进的想法，你就可以成功。"

世界上很多人在未进行某项尝试之前就认定自己"不是那块料"，"天生注定不会成功"。也正是因为他们所抱持的这种消极观念，阻碍了他们能力的发挥，不能走向成功的殿堂。

一个人的行为方式，与他的自我评价紧密相连，消极心态者总想到自己最坏的一面，他们不敢企求，所以往往收获更少。遇到新事物，他们的反应往往是："这是行不通的，这风险冒不得，现在条件还不成熟，这不是我的责任。"当一个消极心态者对自己不抱很大期望时，他就把自己取得成功的能力封了顶，他成了自己最大的敌人。所以，不要轻易否定自己，给自己一个机会，让自己把全部能力发挥出来。

达维多定律：抢占先机就是抢占成功

心理扫描

做别人没有做过的事情。如果只懂得沿着别人的路走，即使取得一点进步，也不易超越他人；只有做别人没有做过的事情，创造一条属于自己的路，才有可能把他人甩在身后。

达维多定律是说，竞争就是要创造或抢占先机。“先入为主”是一条绝对的真理。要保持第一，就必须时刻否定并超越自己。

英特尔公司副总裁威廉·达维多认为，在网络经济中，进入市场的第一代产品能够自动获得50%的市场份额，故一家企业要在市场中总是占据主导地位，它就要永远做到第一个开发出新一代产品。作为第二或第三家将新产品打入市场，绝对不如第一家，尽管第一家的产品还并不完美。同时，任何企业在本产业中必须第一个淘汰自己的产品，使自己的产品尽快更新换代，而不要让激烈的竞争把自己的产品淘汰掉。这就是达维多定律的主要思想，概括来讲就是在竞争中要“不走寻常路”。

哈佛心理学家指出，达维多定律为我们揭示了如何在竞争中取得成功的真谛。这也正是诸多成功实例所验证的：敢于创新的人最有机会赢得胜利。

德国有一个“怪缺商店”，经营的商品在市场上很难买到，例如，大个手指头的手套、缺一只袖子的上衣、驼背者需要的睡衣等。因为是填空当，一段时间内就不会有竞争对手。其实，即使在人们熟知的行业里，仍然会有许多的创新点，关键是你要能够察觉得到。

有段时间，国外很多啤酒商发现，要想打开比利时首都布鲁塞尔的市场非常困难。于是就有人向畅销比利时国内的某名牌酒厂家取经。这家叫哈罗的啤酒厂位于布鲁塞尔东郊，无论是厂房建筑还是车间生产设备都没有很特别的地方。但该厂的销售总监林达是一个出色的策划人员，由他策划的啤酒文化节曾经在欧洲多个国家盛行。当有人问林达是怎么做哈罗啤酒的销售时，他显得非常得意且自信。林达说：自己和哈罗啤酒的成长经历一样，从默默无闻开始到轰动半个世界。

林达刚到这个厂时是个还不满25岁的小伙子，那时候他有些发愁自己找不到对象，因为他相貌平平且贫穷。但他看上厂里一个很优秀的女孩，当他在情人节给她偷偷送花时，那个女孩伤害了他，她说："我不会看上一个普通得像你这样的男人。"于是林达决定做些不普通的事情，但什么是不普通的事情呢？林达没有仔细想过。

那时的哈罗啤酒厂正一年一年地减产，因为销售不景气而没有钱在电视或者报纸上做广告，这样便开始恶性循环。做销售员的林达多次建议厂长到电视台做一次演讲或者广告，都被厂长拒绝。林达决定冒险做自己"想要做的事情"，于是他贷款承包了厂里的销售工作，正当他为怎样去做一个最省钱的广告而发愁时，他走到了布鲁塞尔市中心广场。这天正是感恩节，已经是深夜了，广场上还有很多欢快的人们，广场附近撒尿的男孩铜像就是因挽救城市而闻名于世的小英雄于连。当然铜像撒出的"尿"是自来水。广场上一群调皮的孩子用自己喝空的矿泉水瓶子去接铜像里"尿"出的自来水来泼洒对方，他们的调皮启发了林达。

第二天，路过广场的人们发现于连的尿变成了色泽金黄、泡沫泛起的哈罗啤酒。铜像旁边的大广告牌子上写着"哈罗啤酒免费品尝"的字样。一传十，十传百，全市老百姓都从家里拿自己的瓶子、杯子排成长队去接啤酒喝。电视台、报纸、广播电台争相报道，林达不掏一分钱就成功地为哈罗啤酒做了广告。该年度哈罗啤酒的销量飙升了1.8倍。

林达成了闻名布鲁塞尔的销售专家，这就是他的经验：做别人没有做过的事情。如果只懂得沿着别人的路走，即使取得一点进步，也不易超越他人；只有做别人没有做过的事情，创造一条属于自己的路，才有可能把他人甩在身后。

第七辑

认清真实的自我

我是谁？这是一个哲学问题，也是一个心理问题，更是决定一个人成败的问题。一个人对自我的认识程度决定其价值。因为一个人认不清自我，就不能找到自己的价值所在，更不能发挥出自己的潜能。当然，在认识自己的同时，也要学会认识别人，因为这样才能驾驭自己所需要的人。

巴纳姆效应：发现真正的自我

心理扫描

只有那些保持内心开放态度的人才是真正有教养的人，他们永远处在接受教育、获取知识的状态，从而拥有自己的内心并导向成功的目标。首先必须理解自己，因为促使你自己做出多项行动的动机，大多也是促使别人做出同类行动的动机。

一位名叫肖曼·巴纳姆的著名杂技师在评价自己的表演时说，他之所以很受欢迎是因为节目中包含了每个人都喜欢的成分，所以他使得“每一分钟都有人上当受骗”。人们常常认为一种笼统、一般性的人格描述十分准确地揭示了自己的特点，心理学上将这种倾向称为“巴纳姆效应”。巴纳姆效应的实质是一顶戴在谁头上都合适的帽子。

从古希腊伊始，人们就在问自己，我是谁，从哪里来，要到哪里去？虽然从古到今的哲学家和诗人都没有给出令世人满意的答案，但人们依然从来没有停止过对自我的追寻。人常常沉溺在自我当中，并轻易受到周围信息的暗示，把他人的言行作为自己行动的参照。在公共汽车上，你会发现：一个人张嘴打了个哈欠，他周围会有几个人也忍不住打起了哈欠。有些人不打哈欠是因为他们受暗示性不强。

在日常生活中，人不可能时刻反省自己。因此，便借助外界信息来认知，但很容易受信息的暗示，出现认知偏差。曾经有心理学家用一段笼统、几乎适用于任何人的话让大学生判断是否适合自己，结果，绝大多数大学生都认为那段话将自己刻画得很准确，那段话是这样说的：

你很需要别人喜欢并尊重你。你有自我批判的倾向。你有许多可以成为你优势的能力没有发挥出来，同时你也有一些缺点，不过你一般可以克服它们。你与异性交往有些困难，尽管外表上显得很从容，其实你内心焦急不安。你有时怀疑自己所做的决定或所做的事是否正确。你喜欢生活有些变化，厌恶被人限制。你以自己能独立思考而自豪，别人的建议如果没有充分的证据你不会接受。你认为在别人面前过于坦率地表露自己是不明智的。你有时外向、亲切、好交际，而有时则内向、谨慎、沉默。你的有些抱负往往很不现实。

有位心理学家在给一个群体的人做完性格测试后，拿出两份结果让参加者判断哪一份是自己的结果，一份是参加者自己的结果，另一份是多数人的回答平均起来的结果。结果，绝大多参加者竟然认为后者更准确地表达了自己的人格特征。

巴纳姆效应在日常生活中十分普遍，比如占卜，有些人在占卜问卦后都认为风水先生说的很准。实际上，当人的情绪处于低落、失意状态时，安全感也随之受到影响。缺乏安全感时，心理的依赖性便增强，受暗示的可能性就比平时强。加上算命先生因为职业缘故，善于揣摩人的内心感受，求助者很容易从他们那里感到精神安慰，那么他接下来再说些无关痛痒的话便会使求助者深信不疑。

富于思想的哲学家们一再强调世界最难的事不是挣钱，亦非哥德巴赫猜想，而是认识自己。这证明人们在自我认知上容易受“巴纳姆效应”的影响，比较容易受到暗示。通过自我反省，或将自己放在局外人的地位来看自己，比较理性。而借助于外界信息来认知，或通过星座判断，请风水先生占卜，则带有很大的暗示性。因为这些描叙往往具有大众性的、一般性的特点，对大多数人都是适应的，所以有一定道理。

世人一生都会拥有一些没有贫贱之分、但对自己的一生却很重要的财富，只要好好把握，它将永远伴随自己。须知所有的财富，都始于一种内心状态，内心乃个人能完全控制的惟一的东西。保持积极的精神态度和适度的体育锻炼是避免疾病的最佳途径，个人首要的责任是建立内在的和谐，真诚地对待别人一定会最后得益。巴拉姆效应旨在引导个人发现真正的自我，从而展露它。信心够的人，能展露生活的豪气。

照镜子效应：你一定要了解自己

心理扫描

人由于本身固有的认识局限性，很容易陷入盲目性，缺乏自觉性。而只要会“照镜子”，做到以人为镜、以古为镜，学会在人们的各种批评、意见中认识自己，就能成为一个比较聪明、能干的人，就能做出一定的成就和贡献，从而获得成功。

生活当中会有一种镜子效应。照镜子，若不仔细看，以为只是在Copy。细细看，才发现什么都是反的，正面成了反面，左边成了右边。镜子反映出的东西，正好与实际东西左右相反，故称为照镜子效应。

镜子，是一种认识工具。这东西，差不多家家有，天天用，尤其对女人来说。女人梳洗打扮，总要对着它仔细察看一番。人的眼睛，能看到周围的事物，惟独不能看到自己的真实面容。镜子的功用，就在于帮助人克服眼睛的生理局限，如实地瞧见自己。正因为镜子帮助认识自己，人们才推而广之，把借他人、他事、他见以正己的方法，也喻为“照镜子”。这种方式的“照镜子”，可要比日常生活中女为悦己者容的照镜子难得多。惟其难，就有人会“照”，有人不会“照”。唐太宗李世民曾经把魏征批评他的一篇奏章抄写在屏风上，当成“镜子”，随时对照，并总结了自己“照镜子”的体会：“以铜为镜，可以正衣冠；以古为镜，可以知兴替；以人为镜，可以明得失。”客观地说，唐太宗李世民的确是一个很会“照镜子”的旷世明君。

中国古代，像这样会“照镜子”的不乏其人。

战国时齐国宰相邹忌便是一个。邹忌从镜子里发现，自己实际上并没有别人所说的那么漂亮，而他的老婆和客人说他多么漂亮，不过是阿谀奉承罢了。由此他联想到：在日常生活中不照镜子，对自己的尊容心中无数，尚且有被欺骗的可能，倘若处理国家大事时也不知道经常照“照镜子”，那所受的蒙蔽就严重了！他向齐威王报告了自己的体验。齐威王听了很赞赏，接受了他的建议，实行鼓励臣民批评朝政的政策，并比较正确地对待这些批评，使国家很快强盛起来。

心理学家认为，一个人先认识外部世界，然后才开始认识自身，正因人有此劣根性，就更需要经常被提醒、点拨。

美国从事个性分析的专家罗伯特·菲力浦有一次在办公室接待了一个因自己开办的企业倒闭、负债累累、离开妻女到处流浪的流浪者。那人进门打招呼说：“我来这儿，是想见见这本书的作者。”说着，他从口袋中拿出一本名为《自信心》的书，那是罗伯特许多年前写的。流浪者继续说：“一定是命运之神在昨天下午把这本书放入我的口袋中，因为我当时决定跳到密西根湖，了此残生。我已经看破一切，对一切已经绝望，所有的人，相信包括上帝在内，都已经抛弃了我，但还好，我看到了这本书，使我产生新的看法，为我带来了勇气及希望，并支持我度过昨天晚上。我已下定决心，只要我能见到这本书的作者，他一定能协助我再度站起来。现在，我来了，我想知道你能替我这样的人做些什么。”

在他说话的时候，罗伯特从头到脚打量流浪者，发现他茫然的眼神、沮丧的皱纹、十来天似乎未刮的胡须以及紧张的神态，完全向罗伯特显示，他已经无可救药。但罗伯特不忍心对他这样说。因此，请他坐下来，要他把他的故事完完整整地说出来。听完流浪汉的故事，罗伯特想了想，说：“虽然我没有办法帮助你，但如果你愿意的话，我可以介绍你去见本大楼的一个人，他可以帮助你赚回你所损失的钱，并且协助你东山再起。”罗伯特刚说完，他立刻跳了起来，抓住罗伯特的手，说道：“看在老天爷的份上，请带我去见这个人。”

他会为了“老天爷的份上”而做此要求，显示他心中仍然存在着一丝希望。所以，罗伯特拉着他的手，引导他来到从事个性分析的心理试验室里，和他一起站在一块看来像是挂在门口的窗帘布之前。罗伯特把窗帘布拉开，露出一面高大的镜子，他可以从镜子里看到自己的全身。罗伯特指着镜子说：“就是这个人。在这世界上，只有一个人能够使你东山再起，除非你坐下来，彻底认识这个人，当成你从前并未认识他，否则，你只能跳到密西根湖里，因为在你对这个人做充分的认识之前，对于你自己或这个世界来说，你都将是一个没有任何价值的废物。”

他朝着镜子走了几步，用手摸摸自己长满胡须的脸孔，对着镜子里的人从头到脚打量了几分钟，然后后退几步，低下头，开始哭泣起来。一会儿后，罗伯特领他走出电梯间，送他离去。几天后，罗伯特在街上碰到了这个人，而他不再是一个流浪汉形象，他西装革履，步伐轻快有力，头抬得高高的，原来那种衰老、不安、紧张的姿态早已烟消云散。他说，他深深感谢罗伯特先生，在他找回自己后，便很快找到工作。后来，他真的东山再起，成为芝加哥富翁。

在试着认识别人，认识世界之前，可以先踏踏实实地探究一下自己。如同那条镌刻于那座著名神庙门上的著名箴言所指示的：人啊，认识你自己。尝试用多种方式了解自己，不妨多照照“镜子”。

光环效应：别让阴影挡住了阳光

心理扫描

根据事物、人物的个别特征，而对事物、人物的本质或全部特征下结论，这是过于片面的行为，它会影响我们对事物、对人物的正确、客观的判断，从而造成不必要的误会和矛盾。

人们对事物的某种品性或特质有强烈的自我知觉，印象比较深刻、突出，这种感觉就像月晕形式的光环一样，向周围弥漫、扩散，影响了对事物的其他品质或特点的认识和判断，这一心理因素就叫光环效应，又称晕轮效应。为什么会产生这种现象呢？美国心理学家做了一个实验，他让被试者看一张列有聪明、灵活、勤奋、坚定和热情 5 种品质的表格，然后想象一个具有这五种品质的人，所有被试者普遍把那人想象成一个热情、友善的人。然后他把这张表格中的热情换为冷酷，再要求被试者根据这些品质，想象出一个合适的人，结果被试者普遍推翻了原来的想象，且产生了完全对立的判断。实验表明：热情和冷酷这一对特殊的品质在起着光环的作用，左右人们对个体的总体印象和评价。

在生活中大多数人几乎都在无意识地、执拗地使用光环效应。

一个明智的人，对人对事会保持平常心，给自己和他人留有一个适当定位，从而切实防止思维误区的出现。其次，对事前得到的各种信息，我们需做理性分析，不可偏听偏信，轻易下结论，需要在过程中慢慢了解，以避免光环效应带来的认知偏差。有时候，光环效应会对人际关系产生积极作用，但它也有弊端，其最大的弊端在于以偏概全。

赵大宝大学毕业后进入一家大型日用品销售公司跑业务，由于他工作认真，干劲十足，很快取得了不错的工作业绩。销售主任对赵大宝颇有好感，觉得他是个可塑之才，也时常给予他一些工作上的指点，对此，赵大宝心里十分感激主任的栽培。

不过，赵大宝通过与主任的接触，觉得主任有时候过于蛮横武断，因此他平时尽量不与主任产生分歧。然而，该来的总是要来，在赵大宝的工作顺风顺水的时候，发生了一次意外事件。

那次，公司联系上一家大客户，并花了不少人力物力积极争取。一天，客户打来电话要求公司派一个人过去面谈，主任派赵大宝去。赵大宝不敢怠慢，出了公司大门，叫了辆出租车便赶往客户的公司。

然而，那天下着大雨，又遇到堵车，赵大宝怕迟到，情急之下，赵大宝只好下车徒步赶往客户公司。尽管一路上他连走带跑，但到达的时候，还是比预约的时间晚了半个小时。客户不理会赵大宝的解释，也不同情他浑身湿透，以迟到为由给赵大宝公司打电话，拒绝了合作事宜。而另一方面，赵大宝通过自己的途径了解到一个真实情况：这家客户在前一天已经与另一家公司签订了合约，这次打电话叫他们派人去，不过是为了当面向他们摊牌，并让他们取走之前来往中提供的资料而已。

因此，失去客户的责任并不在赵大宝，但是主任却不容赵大宝辩解，不由分说就把责任归咎于赵大宝，不但扣了他当月的奖金，还在公司对他进行通报批评，以此起到警示作用。

赵大宝感到很委屈，却无可奈何，只能把这个“冤枉气”埋在心里。通过这次事件，赵大宝认定主任是个不辨是非、不通情理的人，对他的好感也荡然无存，从此他小心翼翼地应对着主任。

这样的状况持续了一年，直到主任升职为部门经理，赵大宝总算松了一口气，心想再不用过着“伴君如伴虎”的日子了。

然而，这位新的部门经理却指名要赵大宝做他的助理。赵大宝因为心里面有阴影，坚决地拒绝了这个别人眼中的“肥差”，令大家百思不得其解。部门经理也不好勉强，另挑了一个人做自己的助理。两年后，部门经理因为工作业绩突出，又升职为销售总监，总揽公司销售部的大权，而他的助理则被提升为部门经理。

此时，赵大宝虽然对工作兢兢业业，却还是一名普通的业务员，他心里多少有些失落。尤其是一次与销售总监无意间的谈话，让赵大宝彻底认识到自己当初所犯的错误，更加后悔不已。

原来，销售总监当时点名要赵大宝做自己的助理，就是因为看中了他的发展潜力，准备日后提升他，不想竟遭到拒绝，这其中的缘由，销售总监至今想不明白。他哪里知道，赵大宝是因为心里对他有了负面的评价，不愿再相信他，把他的一番良苦用心当成了歹意，因此坚决拒绝。这样的偏执，不但让赵大宝心里无端地埋藏了敌意和担忧，还失去了大好的机会，最大的受害者还是他自己。

因为在一次工作事件中受到上司的批评，赵大宝便断定上司是个"不辨是非、不通情理的人"，从此在心里埋下愤慨的种子。即使事情过去很长一段时间，赵大宝还是无法改变对上司的看法，不但在平时的工作中小心地防备上司，就连上司主动提拔他当助理，他也将这份好意曲解为歹意，拒绝了一个发展的好机会，眼睁睁看着别人取代自己的位置，走上成功的道路。

赵大宝对上司"不辨是非、不通情理"这一品性的主观臆断，影响了他客观地评价上司的其他品质，如知人善用、爱惜人才等，这一现象就是典型的"光环效应"。

光环效应有其积极的一面，也有其消极的一面，从赵大宝的案例中，我们可以看到其消极面的体现及其危害。

人们常常根据一个人的外貌特征去判断其性格和心理。比如，人们往往认为肥厚的嘴唇是憨厚朴实的标志，宽大的前额是智慧的象征，尖窄的下巴是狡诈的特征等。这种"由表及里"的推断，虽有一定的规律性，却并无科学依据可言，而且含有很大的偏见成分，容易产生偏差。因此，我们在认识他人的问题上，切记不要仅仅停留在表象，而是应该注重了解对方心理、品行、言行等更深层的方面，这样才能有效地摆脱“外貌光环效应”的影响。

每个人都有各自的优点和缺点；每一份人际关系，都有其温暖与冷漠的一面，都有不和谐的杂音。因此，无论是对人、对事，都要保持冷静、客观，“别让阴影挡住了阳光”。

定型化效应：不让惯有认识影响你

心理扫描

“思维定势”多出现在成人身上，因为人在成长的过程中，不自觉地会受到周围环境的影响，天长日久，耳濡目染，存在于世俗中的成规就会像一层密不透风的“茧”，紧紧束缚着成人的思维。因此，一定要对定型化效应产生的障碍有充分的思想认识和足够的心理准备，尽可能有意识地避免。

“定型化效应”也叫“刻板印象”，是指个人受社会影响而对某些人或事持稳定不变的看法，它极易发展成偏见，给认知带来偏差。比如：北方人普遍耿直、倔强，南方人普遍温稳、委婉；商人狡猾，学者文质彬彬……“刻板印象”是在被给与有限材料的基础上做出的普遍性结论，它使人在认知别人时忽视个体差异，从而导致知觉上的错误，妨碍对他人做出正确的评价。这是“刻板印象”的消极作用。它的积极作用表现在对于具有许多共同之处的某类人在一定范围内进行判断，不用搜索信息，直接按照已形成的固定看法得出结论，这就简化了认知过程，节省了大量时间、精力。当然，这样做出的结论是有局限性的。

苏联心理学家曾做过关于定型化效应的经典实验：研究者向参加实验的两组大学生出示同一张照片，但在出示照片前，对第一组学生说：这个人是一个十恶不赦的罪犯；对第二组学生却说：这个人是一位知识渊博的科学家。然后他让两组学生各自用文字描述照片上这个人的相貌。

第一组学生描述为：深陷的双眼表明他内心全是仇恨，突出的下巴证明他沿着犯罪道路顽固到底的绝望……第二组描述为：深陷的双眼表明此人思想的深邃，突出的下巴表明此人在认识道路上克服困难的坚强……

你看，对同一个人的评价，仅仅因为先前得到的关于此人身份的不同提示，之后的描述竟然有如此巨大的差距，可见心理定势对人们认识过程的影响是多么重大。

定型化的错误在于过度概括，即在有限的材料基础上，做出了极其宽泛的结论。它的消极作用是经常而且严重的，它在于不仅忽视个别差异，经常导致对人的错误认识，而且，定型化也是构成偏见的重要原因之一。社会偏见作为一种有失公正的态度，是由对人知觉的定型化发展而成的。有时甚至就可以把定型化当成偏见，例如在民族、性别上的看法。可见，正确认识一个人，必须知道从其具体的细节表现中去思量，不能光凭定型化效应去认知、判断。定型的产生根源是过去有限的经验，源于对人的群体归类。如知识分子书生气十足，会计师都精打细算。定型化效应对人认知过程的影响，弊大于利。虽然它会致使认知过程的简化，有利于对他人做概括了解；但另一方面，如果做出概括而忽视个体差异，就会形成偏差，得出错误结论。

寻斧效应：不要因猜忌而误判对方

心理扫描

一个人一旦掉进猜疑的陷阱，必定处处神经过敏，对他人失去信任，心生疑窦，影响个人的身心健康。这就需要用理智克制冲动情绪的发生。当发现自己开始怀疑别人时，应当寻找产生怀疑的原因。

从前，在一个风景优美的庄园里，园主在庄园的地窖中储存种子的时候，将一把斧子忘了从地窖中带出来。几天以后，又要用斧子时，才发现自己的斧子不见了。放在自家的斧头去了哪里？他在自家门后面，桌下面，堆柴草的房里到处找遍了，依然没有找到，他怀疑是邻居家的儿子偷去了，因为两天前他们刚刚吵过架。到底是谁偷走了他的斧子呢？没有证据不能乱下结论。于是，他仔细地观察邻居家的儿子，觉得就是他偷了斧子。看他走路的样子，就很像，不仅如此，连他的神态、动作、表情也像，甚至他说话时的声调，都像是偷了斧子之后的反应。总之，越看越像，几乎可以肯定，就是他偷了斧子！又过了几天，园主又到地窖去储存物品。当他打开地窖门，发现了自家那把不见了好多天的斧子正躺在地窖的地面上。到了第二天，园主再去看邻居家儿子的时候，他的举动和言行，就连笑的神态，一点儿也不像是偷斧子的样子了。

这就是寻斧效应。这个古老的寓言告诉人们：生活中遇到问题绝对不能瞎猜疑，疑神疑鬼只会产生错觉，必须调查研究后再做出判断。

虽然只是个寓言，生活中疑邻偷斧的现象比比皆是：领导对自己态度冷淡一点，便认为领导对自己有了看法；恋爱时，女朋友因急事不能赴约，就猜疑她是不是去和别人看电影或变了心；自家电费高了，怀疑是邻家窃电；自家话费多了，怀疑是邻家盗打。客观地说，这些都只是怀疑，并不一定是事实。可要是整天这样草木皆兵，何以能快乐生活？与人相处，首先应当互相尊重，彼此信任，这是共处和睦的前提。其次，不能“以邻为壑”。战国时魏相白圭治水，确实使本国受益了，但他把邻国当成了排水的大水坑，实际上损人利己。与人相处不能只顾着自己便利，而不考虑别人的感受，应当互相体谅，互让方便。

也许你从来没有丢过斧子，更没有偷过斧子。但是，疑邻偷斧却告诉你一件非常重要的事：做人，绝对不能心有成见，带着有色眼镜去看人，那会使你犯下许多无法挽回的错误。

每个人都生活在自己的世界里。改变一个人对生活的看法，就可以改变他对这个世界事物的态度。不幸的是，在漫长的一生中，我们每个人都有可能被怀疑为那个偷斧子的人，但斧子永远不会自己回来。所以，就有可能一生被视为偷斧子的人。因此，只有对自己有信心，对生活充满爱，大度、宽容地看待别人的长处和不足。人无完人，金无足赤。神说：从来就没有“天堂”和“地狱”，是人的头脑区分了它们。

加强积极的自我暗示。俗话说：“疑心生暗鬼。”这个鬼是人想出来的，是暗示的结果。积极的自我暗示会让你轻松自如地与人交往。培养对人基本的信任。从自己主观想象的小天地中走出来，宽以待人。有了这个基础，信任就不难实现。

及时沟通，解除疑惑。一旦有了猜疑，不要把它长期闷在心里，这样最容易产生封闭性的恶性循环，最好开诚布公地与对方谈谈，这样才能消除误会。“心绪中的猜疑犹如鸟中的蝙蝠，它们永远是在黄昏里飞的……”这种心理使人精神迷惘，扰乱人的正常思维。

《三国演义》中有这样一段由猜疑导致的悲剧：曹操刺杀董卓败露后，与陈宫一起逃至吕伯奢家。曹吕两家是世交，吕伯奢一见曹操到来，本想杀一头猪款待他，可是曹操因听到磨刀之声，又听说要“缚而杀之”，便大起疑心，以为要杀自己，于是不问青红皂白，拔剑误杀无辜。

猜疑是人性的弱点，历来害人害己。猜疑者的头脑被封闭性思路所左右，就会觉得自己的想法顺理成章。因此，冷静思考是非常必需的。

凡勃伦效应：认识到自己的价值

心理扫描

做任何事情都是这样，先了解自己在哪里能实现最大价值，然后再走进那个领域，去实现这种价值。如果在并不明白自己价值的基础上错误地在一个行业干了一辈子并且一事无成，岂不可惜？所以，在做事之前，先要对自己有个正确的认识。

美国经济学家凡勃伦提出：商品价格定得越高越能畅销。它是指消费者对一种商品需求的程度因其标价较高而不是较低而增加。它反映了人们进行挥霍性消费的心理愿望。

款式、皮质差不多的一双皮鞋，在普通的鞋店卖 80 元，进入大商场的柜台，就要卖到几百元，却总有人愿意买。1.66 万元的眼镜架、6.88 万元的纪念表、168 万元的顶级钢琴，这些近乎“天价”的商品，往往也能在市场上走俏。其实，消费者购买这类商品的目的并不仅仅是为了获得直接的物质满足和享受，更大程度上是为了获得心理上的满足。这就出现了一种奇特的经济现象，即一些商品价格定得越高，就越能受到消费者的青睐。由于这一现象最早由美国经济学家凡勃伦注意到，因此被命名为“凡勃伦效应”。

随着社会经济的发展，人们的消费会随着收入的增加，而逐步由追求数量和质量过渡到追求品位和格调。了解了“凡勃伦效应”，我们也可以利用它来探索新的经营策略。比如凭借媒体的宣传，将自己的形象转化为商品或服务上的声誉，使商品附带上一种高层次的形象，给人以“名贵”和“超凡脱俗”的印象，从而加强消费者对商品的好感。

一位哲学家为了启发他的门徒，给他的徒弟一块石头，叫他去蔬菜市场，并且试着卖掉它。这块石头很大，很好看。但师父说：“不要卖掉它，只是试着卖掉它。注意观察，多问一些人，然后只要告诉我在蔬菜市场它能卖多少钱。”

那个门徒去了。

在菜市场，许多人看着石头想：它可以做很好的小摆件，我的孩子可以玩，或者我可以把它做成秤砣。于是他们出了价，但只不过几个硬币。门徒回来后说：“它最多只能卖到几个硬币。”

哲学家说：“现在你去黄金市场，问问那儿的人。但是不要卖掉它，只问问价。”从黄金市场回来，门徒很高兴，说：“这些人太棒了，他们乐意出到1000元。”哲学家说：“现在你去珠宝商那儿，但不要卖掉它。”门徒去了珠宝商那儿。他简直不敢相信，他们竟然乐意出5万元，他不愿意卖，他们继续提高价格——他们出到10万元。但是这个门徒说：“我不打算卖掉它。”他们说：“我们出20万元，30万元，或者你要多少就多少，只要你卖！”这个门徒说：“我不能卖，我只是问问价。”他不能相信：“这些人疯了！”

门徒回来了，哲学家拿回石头说：“我们不打算卖了它，不过现在你应该明白了，这主要是想培养和锻炼你充分认识自我价值的能力和对事物的理解力。如果你一直生活在蔬菜市场，那么你就只有那个市场的理解能力，你就永远不会认识到自己的更高价值。”

在这个故事里，师父要告诉徒弟的是关于实现人生价值的道理，但是从门徒出售石头的过程中，却反映出一个经济规律：凡勃伦效应。做任何事情都是这样，先了解自己在哪里能实现最大价值，然后再走进那个领域，去实现这种价值。如果你在并不明白自己价值的基础上错误地在一个行业干了一辈子并且一事无成，岂不可惜？

摩西奶奶效应：每个人都有巨大的潜能

心理扫描

无人知道一个人的潜能会在什么时候爆发出来。但值得思考的是，在日常生活中，“平庸”的人很少爆发自己的潜能，因而显得平庸，“聪明”的人则会让自己的潜能像山泉一样细细长流，因而不同凡响。其实，每个人都可以做出不同凡响的事情，因为我们的潜能就像埋藏起来的石油，之前一直没有得到开发。

美国艺术家摩西奶奶，至暮年才发现自己有惊人的艺术天赋，75岁开始学画，80岁举行首次个人画展。摩西奶奶效应告诉我们，一个人如果不去挖掘自己的潜在能力，它就会自行泯灭。

正像格拉宁所说：“如果每个人都能知道自己干什么，那么生活会变得多么好！因为每个人的能力都比他自己感觉到的大得多。”

美国的梅尔龙是一位被医生确诊的残疾人，他终日与轮椅为伴，靠轮椅代步将近12个年头了。

梅尔龙原本有一个强壮健康的体魄，在他19岁那年，政府命令他赴越南打仗，他在战争中不小心被流弹打伤了脊背以下的部位。随即，他被送回美国医治，经过治疗，虽然身体逐渐康复，却再也无法行走了。

因此，他不得不终日与轮椅为友，沮丧的他觉得此生已经完结，有时就借酒消愁。有一天，他从酒馆出来，照常坐轮椅回家，却碰上三个劫匪动手抢他的钱包。他拼命呐喊、拼命抵抗，却触怒了劫匪，他们竟然放火烧他的轮椅。轮椅突然着火，梅尔龙忘记了自己是残疾人，他拼命逃走，竟然一口气跑完了一条街。事后，梅尔龙说："如果当时我不逃走，必然会被烧伤，甚至被烧死。情急之下，我忘了一切，一跃而起，拼命逃跑，直至停下脚步，才发觉自己竟然能够走动。"现在的梅尔龙生活得很快乐，并且在所居住的城市找到了一份适合自己的工作，与常人并无两样。

通过这个真实的案例，我们可以相信，人的潜能是无穷无尽的，如果敢于挖掘自身的潜力，那么人生的图画中将会出现另一幅美好的景象。

没有天生的成功者，成功的根本原因是开发了自己无穷无尽的潜能。爱迪生曾经说："如果我们做出所有我们能做的事情，我们毫无疑问地会使我们自己大吃一惊。"只要我们抱着积极心态去开发自己的潜能，就会有用不完的能量，而且我们的能力就会越用越强。相反，如果我们抱着消极心态，不去开发自己的潜能，就只会叹息命运不公，如此一来，将陷入越消极越无能的泥淖！所以，应该坚信自己的体内潜藏着无比巨大的能量！

传说荷兰南部的古城堡墓地经常闹鬼。某次，有一个人因为公务繁忙，半夜时分才回家，而他又必须经过墓地。墓地里偶尔传来令人毛骨悚然的号叫，蝙蝠像幽灵一样无声地飞来飞去，枯枝像鬼怪的手爪伸向黑暗的天空。走着走着，他一不小心掉进一个新挖的墓坑里。这个坑太深太大了，人高马大的他几经努力还是爬不出去。他索性坐在那里，等天亮再说吧。这时，又有一个人经过这里，也不小心掉了下去，这个人使出吃奶的力气也爬不出去。先掉下来的人实在看不过去，开口说："别费力气了，你是爬不出去的。"那人听到说话声，以为自己遇到了鬼，顿时吓得魂不附体，紧接着手脚并用，没想到三两下竟然爬了上去，然后惨叫着逃得无影无踪。

从故事的情节当中，我们可以体会到人类潜能的存在。潜能公平地存在于每一个人体内，并且每个人的潜能都是深不可测的，我们没有理由给任何人妄下断语——"你是庸者，或你是天才"。

斯特鲁效应：能正确地认识自己

心理扫描

古往今来，所有的成功人士莫不是在准确认识自我的基础之上扬己之长避己之短，并选择适合自己的道路，采取适合自己的方法，才实现了最后的成功，而那些失败的人从根源上来讲都是败于不自知。所谓"知己知彼，百战不殆"，正确认识自己是成功的基本出发点。

心理学家斯特鲁曾做过一次有趣的实验：

他向被试者展示了一系列颜色块，如红块、蓝块、绿块……要求被试者按顺序尽快读出所看到的颜色。然后，他向被试者展示了一系列标志不同颜色的词语，要求被试者也按顺序尽快读出来。被试者都顺利地完成，他如法炮制，向被试者展示了一些标志不同颜色的词语，只是这些词语是用不同颜色的墨水书写，"红"用绿墨水书写，"黄"用黑墨水书写……要求被试者仍按顺序尽快读出书写的每个词的颜色，这一次，被试者显得很难受，他们时而会不由自主地读出词所标志的颜色，甚至结结巴巴无法读下去，只有靠思维和意志的帮助才能继续往下读。

这种由不和谐的刺激所引起的反应，就是"斯特鲁效应"。从"斯特鲁效应"，可以看出，它之所以产生，本质就在于被实验者接受了不和谐信息的刺激，从而给认知活动设置了障碍，使认知活动无法正常而顺利地进行。

"斯特鲁效应"告诉我们，人们很容易受到来自外界信息的暗示，从而出现自我知觉的偏差，认为一种笼统的、一般性的人格描述十分准确地揭示了自己的特点。

的确，很多人认为自己很了解自己，相信自己能够对自己进行正确的判断，但事实并不是这样的，从心理学的角度说，人很容易受到外界因素的影响或暗示，从而在判断和衡量自己时出现偏差，造成对自身的认识不准确。正所谓："不识庐山真面目，只缘身在此山中。"

爱因斯坦一直认为能正确地认识自己，直到16岁那年听了父亲讲的一个故事，他才对如何认识自己发生改变。

那天，父亲对他说："爱因斯坦，昨天我和你杰克大叔去清扫一个大烟囱，我们踩着里面的踏梯往上爬。你杰克大叔在前我在后。我们抓着扶手费了很大的力气才爬上去。下来的时候，我们依然一前一后往下走。当我们钻出烟囱后，我发现你杰克大叔的后背、脸上全是烟囱里的烟灰。

“我马上跑到河里洗了个澡，而你的杰克大叔只在河边洗了洗手。

“我很奇怪，就问你的杰克大叔：‘你什么不洗个澡呢？’没想到你杰克大叔却反问我说：‘我为什么要洗澡？你又为什么要洗澡呢？’

“‘这样脏，为什么不洗洗呢？’我说。

“‘难道我很脏吗？’你杰克大叔却反问我。

“后来我们才弄明白，你杰克大叔身上有灰尘，但我的身上干干净净的，我们却并不清楚这一点，只习惯性地从对方的形象中猜测自己的样子。我看见你杰克大叔脏兮兮的样子，以为自己和他一样，于是就到河边去洗了澡。而你杰克大叔看到我比较干净，于是就以为他自己也是干净的，所以就没有洗澡。”

爱因斯坦听了笑了起来。父亲对他说：“一个人很难知道自己是什么模样的，只有自己才是自己的镜子。拿别人做参照，要么是白痴把自己照成天才，要么是天才把自己照成白痴。”

所以说，一个人能发现自己是一门学问，因为人们总认为自己是了解自己的，其实很多人在“认识自己”的道路上还是一个雏儿。

那么，如何发现自己呢？发现自己首先要“知己”，而所谓的“知己”，就是要看到自己的实力，明确自身的优点和缺点，既不盲目自大，也不妄自菲薄。对自己的实力有个客观公正的判断。

人唯有自知才能认清自身才能扬长避短，为成功赢得一席之地。但遗憾的是，很多人总是自认为自己了解自己，可真正具有自知之明并非易事。也正因为难在自知，所以有很多人经常看不到自身的缺点与不足，也不能很好地利用自己的优势。他们常常因为误判而选择了不适合自己的发展方向，甚至走很多弯路。

现代知名作家贾平凹曾这样说过：“要认识自己的优势在哪并不容易。我可是花了好几年的时间啊！”

原来，贾平凹在上大学时非常喜欢诗歌创作，虽然写了上千首诗，但大多质量一般。后来，他开始了古体诗的创作，但没有取得大的成绩。再后来，他又尝试写评论、散文、随笔等，同样没有取得成功。

就这样，贾平凹浪费了好几年时间，直到一个偶然的机会，他发表了一篇短篇小说并引起读者的强烈共鸣后，他这才发现，小说才是最适合于自己的创作形式。

贾平凹通过不断地摸索才发现自己的优势，最终成为文坛翘楚。

要想正确地认识自己，一定要用辩证的方式来看待自己。在分析自身优劣势的时候，要尽量保持冷静和客观。既不要自我膨胀，也不要过分地自轻自贱。要对自己进行理性分析，积极地吸收和借鉴他人的意见，有效地甄别和过滤那些猜测与妄断。这样，自知就不难了。每个人都不是十全十美的，在竞争中明白自己的软肋在哪，自身的长处是什么，这样才能够扬长补短，让自己立于不败之地。

第八辑

跨越生活的误区

很多时候，你觉得自己这样是对的，可是事实却告诉你：自己真的错了。因为我们总会在一不小心的时候踏入生活的误区而浑然不知。生活的误区是我们成功的阻碍，看清这种阻碍，学会绕过它，你的生活才会更加顺利，才会与众不同。

沉锚效应：清醒地做好决策

心理扫描

很多人在做事的时候，其能力不是不强，筹划也不是不周密，但是往往会在决策上失误，让自己误入歧途而失败。很多人不知道导致失误和失败的原因，那就是：很多时候，我们被错误的信息所误导，从而让自己的行为和思维偏离了要到达的那个目标。

做决策时，人的思维往往会被得到的第一信息所左右，第一信息会像沉入海底的锚一样，把自己的思维固定在某处。这就是心理学上的“沉锚效应”。

在一条马路上有两家卖粥的小店，左边一家，右边一家。两家相隔不远，每天的客人流量看起来似乎相差无几，生意都很红火，人进人出。然而晚上结算的时候，左边这个总是比右边那个多出百十来元。天天如此。于是，一个人走进了右边那个粥店，服务小姐微笑着迎进去，盛好一碗粥后，问道：“加不加鸡蛋？”那人说加。于是她给顾客加了一个鸡蛋，每进来一个顾客，服务员都要问一句：“加不加鸡蛋？”也有说加的，也有说不加的，大约各占一半。过了几天，这个人又走进左边那个小店，服务小姐同样微笑着把他迎进去，盛好一碗粥，问：“加一个鸡蛋，还是加两个鸡蛋？”顾客笑了，说：“加一个。”再进来一个顾客，服务员又问一句：“加一个鸡蛋还是加两个鸡蛋？”爱吃鸡蛋的就要求加两个，不爱吃的就要求加一个。也有要求不加的，但是很少。

在右边的小店中，你是选择“加还是不加鸡蛋”，而在左边的小店中，你面对的是“加一个还是加两个鸡蛋”的问题，第一信息不同，你做出的决策也不同。这就是为什么一天下来，左边小店比右边那个多出百十来元的原因。给别人留有余地，也是为自己争取尽可能大的余地。别人有了选择，自己的选择面和发展空间才会更广。只有这样，才会在竞争中获胜。

有个人遇到神仙，神仙问他需要什么，他说需要金子。于是神仙用手指点了几块石头，石头立即变成金子。神仙叫他去拿，他没有去拿，神仙问：“那你还需要什么呢？”他说：“我要你的手指头。”一个人成功要的不是金子，而是手指头，这个手指头就是思维！

失败者往往一味抱怨别人对自己不公，要求别人改变看法，而自己却不反躬自省，这有欠公允。改变别人是事倍功半，改变自己是事半功倍。其实，先改变自己，是当今竞争社会中助你增强生存实力的一条重要途径。每个人一生中要面临无数次重要的选择，而多数人多数时候往往决策失误。这是因为人做决定时，都无意识地利用常规思维来解决问题。判断物体的远近，与清晰度有很大关系，物体看得越清楚，距离就越近。但在有雾的天气，就有可能被迷惑，对飞行员来讲，这种迷惑则可能引起灾难性的后果。

思考过程中有些不易被察觉的非理性因素，就像“陷阱”一样引导人的思维。有这样一个心理实验：请一组人来回答两个问题，（1）土耳其的人口超过3500万吗？（2）你猜土耳其的人口有多少？再请另一组人回答另外两个问题，（1）土耳其的人口超过1亿吗？（2）你认为土耳其的人口有多少？实验表明，在回答第二个问题时都受了第一个问题的影响，第二个问题的答案随着第一个问题数字的增大而增大。这个简单的实验可以清晰地说明心理中一种常见而有害的“沉锚”陷阱。同事无意中的一句话或晚报上的一个小数字，都可能是你思维中的“沉锚”。在商业中，“沉锚”是先例或趋势。聪明的谈判者善于利用沉锚效应以达到自己的目的，他们会选择有利的数据和事实说服对方。

那么怎样才能绕过“沉锚”陷阱？介绍情况时，要尽量客观公正，不要搀杂个人观点和倾向，以免影响别人思路。从不同的角度看问题，看看有没有其他选择，不要一味受限于第一想法。集思广益，寻求不同的意见、方法，以开拓你的思维，打破原有条框束缚。特别注意谈判时不要受对方“沉锚”的影响，在不为对方提议所限的同时，寻找恰当时机，利用“沉锚”效应影响对方，使自己处于一个有利位置。

新泽西州和宾夕法尼亚州是美国两个相邻的州。为了减少车辆保险费用，两个州都在法律上做了些修改。宗旨是：如果驾车者放弃对某些交通事故的起诉权，他们可以少缴一些车辆保险费。新泽西州规定：“你自动放弃某些交通事故的起诉权，除非你另外声明。”宾夕法尼亚州则规定：“你拥有所有交通事故的起诉权，除非你另外声明。”结果，在新泽西州80%的人选择了有限起诉权，而宾夕法尼亚州只有25%的人做了同一选择。仅仅由于法律条文的措辞不同，新泽西州省下2亿美元的车辆保险费和诉讼费。这就是陷阱的影响，如何设计问题的形式，在很大程度上会影响答题者的决定。

不要机械地接受问题，不管问题是谁提出的，从不同的角度处理就会产生不同的问法。尽量由自己提出一个辩证、有利有弊的问题。在决策过程中，要不断怀疑问题，特别在最后，更要尝试改变问法对决策会造成什么后果？当别人给出建设性意见供参考时，分析他们看问题的角度，试着与自己的做比较。

经常根据过去预测将来，那么过去发生的重大事件或在头脑中留有深刻记忆的事件无疑会产生陷阱，使思维离开正道而偏向陷阱方向，从而导致决策失误。怎样才能防止陷阱的出现？仔细审视你的构想，确信它们没有被影响；对于一些不那么重要的数据也要注意整理；决策时要走出记忆，尽量减少特定或重大事件给思维带来的影响。大脑在不停地思考，但有时它不但不会帮忙，反而会产生阻碍。在决策的每一细节，错觉、偏见和心理的种种因素都在产生影响。但如果意识到它们的存在和危害性，至少可以检查和约束自己，找出主观错误，采取行动避开这些决策的陷阱，不管怎么样，防患于未然是最佳途径。

蝴蝶效应：细节决定一切

心理扫描

只有不嫌细小的人，才愿意花费很多精力去认真研究、潜心钻研，扫清前进道路上每一个小小的路障，从一件件小事中获得第一手资料，预见事情的走势，进而把握成功的契机。

1960年，洛伦兹研究“长期天气预报”问题时，在计算机上用一组简化模型来模拟天气的演变。他原本希望利用计算机的精确运算来提高预测天气的准确性。但是，事与愿违，他发现自己模拟的新气象模型远远偏离了先前的打印数据。开始，他以为自己的计算机出了故障，经过反复查找，他发现并不是计算机运行的故障，而是他输入计算机的初始化数字的问题。在原先的程序中，他用了小数点后面6位数字：0.506127。在第二次运行时，他将数字进位到了0.506。他觉得这么一点微小区别不会产生什么真正的影响。但是他发现自己错了，1/10000的差别就导致了巨大的不同结果！于是，洛伦兹在华盛顿的美国科学促进会的一次演讲中提出：一只蝴蝶在巴西扇动翅膀，有可能会在美国的得克萨斯引起一场龙卷风。原因是蝴蝶翅膀产生的连锁反应最终导致天气系统的极大变化。从此以后，“蝴蝶效应”之说就不胫而走，声名远扬了。蝴蝶效应指一件表面上看来毫无关系、非常微小的事情，可能带来巨大的改变。此效应说明，事物发展的结果，对初始条件具有极为敏感的依赖性，初始条件的极小偏差，将会引起结果的极大差异。

看了上面令人震惊的结果，你是否仍然对 99.9% 的合格率感到满意，你的顾客是否会对此标准感到满意。孔子早就说过："天下难事，必做于易；天下大事，必做于细。"细节就是关键因素，可谓“成也细节，败也细节”。

理查三世和亨利准备最后决战，胜者将做英国的王。战斗开始的前一天早上，理查派马夫准备好自己最喜欢的战马。“赶快给它钉掌，国王希望骑它打头阵。”马夫对铁匠说。“你得等等，前几天给所有的战马钉掌，铁片没有了。”“我赶时间，等不及了。”马夫不耐烦地叫道。铁匠埋头干活，从一根铁条上弄下四个马掌，把它们砸平、整形，固定在马蹄上，然后开始钉钉子。钉了三个掌后，他发现没有钉子来钉第四个掌了。

“我需要点时间砸两个钉子。”他说。“我说过没有时间了。”马夫急切地说。“我能把马掌钉上，但是不能像其他几个那样牢固。”“能不能挂住？”马夫问。“应该能，但我没把握。”铁匠回答。“好吧，就这样，快点，国王会怪罪的。”马夫叫道。

两军交锋，理查国王冲锋陷阵，鞭策士兵迎战敌人。突然，一个马掌掉了，战马跌倒在地，理查也被掀翻在地。受惊的马跳起来逃走，国王的士兵也纷纷转身撤退，亨利的军队包围了上来。理查绝望得向空中挥舞着他的宝剑，大喊道："马！一匹马，我的国家颠覆就因为这一匹马。"于是，从那时起人们传唱着这样一个歌谣：丢失一个钉子，坏了一只蹄铁；坏了一只蹄铁，折了一匹战马；折了一匹战马，伤了一位骑士；伤了一位骑士，输了一场战斗；输了一场战斗，亡了一个帝国。

马蹄铁上一个钉子是否会丢失，本是初始条件的十分微小的变化，但其长期效应却是一个帝国存与亡的根本差别。这就是军事和政治领域中“蝴蝶效应”的体现。

关卡效应：接收正确的信息

心理扫描

人一生中接收大量的信息，有好的，有坏的，我们要会选择、分辨，才能走上正确的道路。我们要学会突破关卡效应，找到对自己最有用的信息，才能获得成功人生。

“关卡效应”原是一个医学名词，指某些药物经肝脏代谢后，进入人体循环的有效药量会减少，发生药效降低的现象。

据说，在1910年，某部队一次命令传递的过程是这样的：少校对值班军官说：“明晚8点钟左右，哈雷彗星将可能在这个地区看到，这种彗星每隔76年才能看见一次。命令所有士兵着野战服在操场上集合，我将向他们解释这一罕见的现象。如果下雨的话，就在礼堂集合，我为他们放一部有关彗星的影片。”值班军官对上尉说：“根据少校的命令，明晚8点，76年出现一次的哈雷彗星将在操场上空出现。如果下雨的话，就让士兵穿着野战服列队前往礼堂，这一罕见的现象将在那里出现。”上尉对中尉说：“根据少校的命令，明晚8点，非凡的哈雷彗星将身穿野战服在礼堂中出现。如果操场上下雨，少将将下达另一个命令，这种命令每隔76年才会出现一次。”中尉对上士说：“明晚8点，少校将带着哈雷彗星在礼堂中出现，这是每隔76年才有的事。如果下雨的话，少校将命令彗星穿上野战服到操场上去。”上士对士兵说：“在明晚8点下雨的时候，著名的76岁的哈雷将军将在少校的陪同下，身着野战服，开着他那‘彗星’牌汽车，经过操场前往礼堂。”

这个让人啼笑皆非的故事是否真实无从证实，但它所反映出来的信息在传递过程中会失真的问题，确实值得深究。

随着因特网、电子商务等概念的广泛传播，现代人意识到信息的获取、处理和传递需要支付成本，有时这种成本还会很大。信息成本是重要的隐性成本之一，其中由于信息失真带来的成本比一般信息成本表现得更隐蔽、更难于被认识。

一个人接收到信息并把它转发出去，通常不是复制，而是加进自己的看法和态度。尤其当他接收到自己非常陌生的信息并转发时，错误的偏差可能更大。另外，如果接收者与信息内容在利益上有冲突时，接收者也可能在允许的条件下，按照自己的利益取向拦截或修改信息。如果这样的做法一级级传下去，信息失真会被逐渐放大。

换个角度看，也许有人从自我相关利益出发，在信息收集、传递等环节上，对真实信息进行取舍或加工，并以此来影响信息最终接收者的决策。在这个过程中，会有大量有用信息被丢失，本来能反映深层矛盾的信息被掩盖。因此，我们要尽力了解情况，与信息传递者多沟通、多协调，努力找出正确的有用的信息。

外部环境之大几乎是无限的，在这样广阔的空间里搜寻有用的信息，其失真更是难以避免。从时间上来说，个体及其外部世界都处于不停地运转之中，我们经常会发现，花费很大成本辛苦搜集到的信息，由于外部情况的变化而已经变得毫无价值可言。这就要求我们学会选择、分辨，学会突破关卡效应，才能走上成功之路。

奥卡姆剃刀定律：学会摒除一切干扰

心理扫描

把事情变复杂很简单，把事情变简单很复杂。这个定律告诉我们在处理问题时，在把握问题本质的基础上，要顺应自然，不要把事情人为地复杂化，这样才能把问题处理好。“奥卡姆剃刀”是把公平的刀，无论何人，能用勇气拿起它，就是成功的人。

12世纪的逻辑学家威廉出生在奥卡姆，奥卡姆位于英格兰的萨里郡。威廉主张：只承认确实存在的东西，那些空洞无物的普遍性概念都是无用的累赘，应该被无情地“剃除”。依据他的理论甚至可以推断出一个结论：教皇的存在也是不合理的。对此，教皇耿耿于怀，宣布他为教会的异端，并且把他投进监狱，目的是不想让他的思想得到传播。可是没过多久，威廉居然逃跑了，并投靠了教皇的死敌——德国的路易皇帝。他对路易说：“你用剑来保卫我，我用笔来捍卫你。”威廉有一句格言享有盛名，这句话只有8个字：“如无必要，勿增实体。”它的意思是：只承认确实存在的东西，凡干扰这一具体存在的空洞无物的普遍性概念都是无用的累赘，依据这句话应当一律取消。

这一指导思维方式的理论，被称为“奥卡姆剃刀定律”。600多年来，日心说、万有定律无不是在其发明者磨砺着这把“剃刀”的基础上创造出来的。“剃刀”日见锋利，终于成为科学思维的出发点之一，凡使用过这把“剃刀”的科学家无不成果辉煌。最复杂的事情也是最简单的事情。哥白尼、牛顿的共同点是：每一个人揭示简单现象背后的本质规律时，都是先使用“奥卡姆剃刀”，将复杂的对象“剃”成最简单的对象，然后再着手解决问题。一句话，先缩减而后增加，先丧失而后赢得。爱因斯坦的结论比较经典，他说：“万事万物应该尽量简单，而不是更简单。”

经过漫长的岁月，奥卡姆剃刀已经被历史磨得越来越快，应用的领域也越来越宽。在日常生活中，人们的这种感觉屡见不鲜：成天奔来跑去，时间悄悄溜走，却什么事情都没有干好。人们企图占有一切，却被欲望弄得疲惫不堪。因此，简单生活对于现代人来说，难能可贵。现代人如同600年前的人同样迫切需要奥卡姆的那把剃刀。

奥卡姆剃刀定律可进一步演化为：把事情变复杂很简单，把事情变简单很复杂。这个定律告诉我们在处理问题时，在把握问题本质的基础上，要顺应自然，不要把事情人为地复杂化，这样才能把问题处理好。

多不如精，两种不同的目标会让人失去方向。对同一个人不能有两种不同要求，目标一致才能齐头并进。当你有两个方法能得出同样的结论，那么简单的那个更好。我们应该使用最简单的手段达到自己的目的。即使是最聪明的人也会因为些许思维上的偏见而不能认清事实，这是一个很常见的现象。如果你有两个方法，它们都能解释你需要的结论，那么应该使用简单的那个，直到发现更多的结论。对于现象最简单的解释往往比复杂的解释更正确，如果你有两个类似的解决方案，选择最简单的，需要最少假设的方法最有可能是正确的，让事情保持简单！

威廉剃刀的出发点是：任何人不会做任何多余的事。最复杂的事可以归纳演绎为最简单的事。剃刀不仅放在杰出者的身边，其实它无处不在，只是等待人们把它拿起。人生的任何问题，都可运用“奥卡姆剃刀”，剃去复杂留下简单，人生不如意十之八九，把不必要的烦恼“剃”走，你就会发现人生其实很简单。只要你有勇气把剃刀拿起，就能“剃”出一条光辉大道。

权威效应：不要过于迷信权威

心理扫描

不可否认，有时权威效应有它积极的一面，在日常生活中，积极、上进的名人效应是值得提倡的。心理学家认为，如果权威人物给群众做出好的榜样，会有助于形成良好的社会风气，而消极、颓废的权威效应只能让人对权威盲从，应该杜绝和制止。

一次，著名空军将领乌托尔·恩特要执行飞行任务，但他的副驾驶在飞机起飞前生病了，于是临时给他派了一名副驾驶员。和这位传奇式的将军同飞，这名替补者觉得非常荣幸。在起飞过程中，恩特哼起歌来，并把头一点一点地随着歌曲的节奏打拍子。这个副驾驶员以为恩特是要他把飞机升起来，虽然当时飞机还远远没有达到可以起飞的速度，他还是把操纵杆推了上去。结果，飞机的腹部撞到了地上，螺旋桨的一个叶片切入了恩特的背部，导致他终身截瘫。

事后有人问那个副驾驶员："既然你知道飞机还不能飞，为什么要把操纵杆推起来呢？"他的回答是："我以为将军要我这么做。"

航空工业界有一个现象叫"机长综合征"，就是在很多事故中，机长所犯的错误都十分明显，但飞行员们没有针对这个错误采取任何行动，最终导致飞机坠毁。哈佛心理学家指出，上面这个故事就是"机长综合征"的一个例子。这个故事同时揭示了心理学上的一个规律，就是人们对权威的信任要远远超出对常人的信任。

每个人都对身边的人或者对社会有一定的影响力，但影响力的大小各有不同。一般来说，权威人物容易对其他人产生更大的影响。假如你眼部不适，到医院就诊，如果其他条件相同，有一位眼科专家和一位刚从医学院毕业的年轻大夫供你选择，你会选择哪个呢？相信你一定会选择专家。

这说明，权威对我们的影响力要超出常人。

生活中的很多人喜欢亦步亦趋地跟着权威的脚步。这样的人没有自己独立的思维，他人和书本永远都是对的。这样的人不会是一个善于学习的人，因为一个善于学习的人应该是一个善于怀疑知识并善于自己动手验证知识的人。要学到真正的知识必须要在学习知识的过程中养成大胆质疑、勇于破疑的品格。

伽利略就是一个善于怀疑、善于证明的人。他遇事时不但喜欢多想一想，还要去试一试，去证明自己的猜测。1590 年，伽利略对亚里士多德的一个经典理论“如果把两件东西从空中扔下，必定是重的先落地，轻的后落地”，提出了怀疑。伽利略认为不管是轻的还是重的，它们同时从高空落下时会同时落地。因为当时亚里士多德的思想被奉为金科玉律，没有人相信伽利略的话，于是伽利略决心搞一次实验，让人们亲眼看看。年轻的伽利略宣布要在比萨斜塔上进行一次试验：伽利略左手拿一个铁球，右手拿重十倍的另一个铁球爬上斜塔七层的阳台，当他两手同时撒开时，只见两只球从空中落下，齐头并进，眨眼之间，“咣铛”一声，同时落地。于是亚里士多德的理论就这样轻易地被伽利略推翻了。

世界的进步就是一个不断提出疑问，解决疑问的过程，即一个从无疑到有疑，从有疑到释疑的过程，我们的事业生涯也是如此。要想打开真理的大门，必须读书而又不迷信书；相信经验又不迷信经验。反之，抱残守缺，拘泥于原有的知识，就不会有什么创见。

旁观者效应：警惕“集体冷漠”

心理扫描

生活中，你的举手之劳也许能给别人带来幸福，也许你的些许关爱会让他人不再孤独落泪，让我们的生活因你我的相互关爱而变得更加温馨，让你我的爱心传递变成一种习惯，这样我们的生活环境就会多了温情，少了不和谐。

2011 年 1 月 17 日，多伦多士嘉堡大雪封门，天气严寒。凌晨，一名患老年痴呆症的 66 岁老妇被发现活活冻死在自家附近住宅区的街头。老妇冻毙的位置是居民家门前的车道，据警方证实，老妇临死前曾经大声呼救，很多人听到了她的求救声，但是没有人伸出援手。

这类事件的频频发生引起了心理学家们的关注，并做了大量的实验加以研究，结果发现冷漠的旁观者是减少个体利他行为的重要原因。其中一个实验是这样的：

一个女人（实验者）在大街上行走，突然向一位不知情的路人大叫：“救命！有人抢劫！”而旁边另外安排的两个乔扮路人，对此呼救声不闻不问，依旧向前走去。这个被当成实验对象的不知情的路人在听到呼救声时，所作的反应不是立刻前去搭救，而是转头看旁边两个人有何动静，当他看到他们都漠然对待时，也就无动于衷了。

这个实验表明，在紧急情况下，只要有他人在场，个体帮助别人的利他行为就会减少，而且旁观者越多，利他行为减少的程度越高。这种现象被称为“旁观者效应”。

心理学家认为旁观者效应的产生是由于“社会影响”及“责任分散”。社会影响是指一个人在不能获知确切情况以便做出干预紧急事件的决定时，他就会观察别人的行动，看看别人会有什么反应。不幸的是，那些旁观者很可能也在观察别人的反应，于是很快就发展成一种“集体性的坐视不救”的局势。

心理学家认为，由于还有其他的旁观者，个体就把帮助受难者的责任推到了别人身上。如果现场只有一个人时，他往往会觉得责无旁贷，迅速地做出反应，帮助受难者。如果他见死不救，就会产生罪恶感、内疚感，这需要付出很大的心理代价；而如果有许多人在场的话，帮助求助者的责任就由大家分担，造成责任分散，每个人分担的责任很少，旁观者甚至可能连他自己的那一份责任也意识不到，就容易造成“集体冷漠”的局面，而这种“集体冷漠”最终使得整个社会变成了冰冷的地狱。

一个大雨滂沱的夜晚，社会学者维克多不小心陷进了沼泽地。四周没有一个人，维克多焦急万分，已经陷没到脖子了。如果不能离开这里，就必然会被沼泽吞噬。他拼命呼救，这时，一个骑马的年轻人正好路过，二话没说就用绳子将维克多拽了出来，并把他带到了小镇上。当维克多拿出钱对这个陌生人表示感谢时，年轻人摇头说：“这不是我要的回报，只要你给我一个承诺：当看到别人有难时，竭尽全力去帮助他。”

在后来的日子里，维克多帮助了许许多多的人，并且将骑马的年轻人对他的要求告诉了他所帮助的每一个人。很多年后，维克多因轮船失事，被海水冲到了一个小岛上，一位男子帮助了他。当他要感谢这位男子的时候，男子竟说出了那句维克多已说过很多次的话：“我不要任何回报，只要给我一个承诺……”维克多的心里顿时涌上了一股暖流。

有一双帮助别人的手，才能为自己掬一份成功。因此，我们必须警惕旁观者效应，用热情温暖彼此的心房。

羊群效应：任何时候都要杜绝盲从

心理扫描

从众现象在日常生活中通常表现为“随大流”、“无主见”。一般来说，自信心较强的人，发生从众行为的可能性较小，缺乏自信心的人更容易产生从众行为。

有一位石油大亨去天堂参加会议，一进会议室，发现座无虚席，自己已经没有地方落座，于是他灵机一动，喊了一声：“天堂里发现石油了！”这一喊不打紧，天堂里的石油大亨们纷纷向外跑去，很快，天堂里就只剩下那位最后来的石油大亨了。这时，大亨心想，大家都跑了过去，莫非天堂里真的发现石油了？于是他也急匆匆地向外跑去……

这个寓言被作为观察和分析人类行为深层结构的绝佳素材。说明人们都有从众心理，基于从众心理而产生的盲从现象就是“羊群效应”。

羊群是一个散乱、没有太多自我意识的组织，平时大家在一起盲目地左冲右撞。如果头羊发现了一片茂盛的青草地，并在那里吃到了新鲜青草，紧随其后的羊就会一哄而上，争抢那里的青草，全然不顾旁边虎视眈眈的狼会威胁自己的生命，也不会去想远处还可能有更好的青草在等着它们。

“羊群效应”表现在社会生活的各个方面，俗话说“排队买肉香，人多饭好吃”，大众要的就是“羊群效应”的感觉和氛围。在楼市，“羊群效应”盛行已久。据说，不少创造神话的楼盘在放号前两三天，客户就会主动请“棒棒”排队守候，虽说有商家造势的成分，但那阵势确实容易让人产生冲动，真有拿钱买罪受的意味。但习惯成自然，如果“门前冷落车马稀”，说明这个楼盘卖不动，而排队就有可能引起连锁反应，人越多，队越长，买房的人越高兴越喜欢，证明自己眼光不浅，“英雄所见略同”。

所以，我们在实际生活中一定要警惕“羊群效应”把自己领入一个误区。其实，当一个人能远离“羊群”，往往会给自己带来不一样的成功。

人们在美国的加利福尼亚州发现了黄金，于是在当时出现了一股淘金热潮，成群结队的人跑到加利福尼亚州去淘黄金。在这个淘金队伍中有一位叫李维斯的人，他是跟着两位哥哥远渡重洋，加入到加利福尼亚的淘金队伍中。然而，现实并非李维斯想象的那样加利福尼亚州遍地是黄金，而是遍地都是淘金人——看来靠淘金发财太难了！

有一天，一位来小店买东西的淘金工人和李维斯聊天时说：“你这儿的帆布质量不错，如果做成裤子，很适合我们这种人穿。你知道，我们现在穿的工装裤都是棉布做的，很快就磨破了，如果用帆布做成裤子，一定很结实，很耐磨……”

听到这里，李维斯取出一块帆布，带着这位淘金工人来到了裁缝店，让裁缝用帆布为这个工人赶制了一条短裤——这就是世界上第一条帆布工装裤。帆布短裤生产出来，就大受那些淘金工人的热烈欢迎，大量的订货单雪片似的飞来，李维斯一下子成为牛仔裤大王，并迅速成为富豪。

因为我们的世界是多元化的，所以成功的方式也是多元化的。“羊群效应”只会让千军万马过一个成功的独木桥。“独木桥”上挤满了盲目的人群，因此，就有摔倒或被挤出队伍的危险。

程红大学毕业了，和很多同学一样，走出校门就面临就业问题。同学们纷纷投入了发简历、实习、找工作的行动。

看着昔日朝气蓬发的同学为了投简历、面试而焦头烂额、绞尽脑汁，她萌生了自己创业的念头。但是做什么呢？

有一天，她想买杯奶茶喝，但发现学校里的奶茶店并不多，喝不到奶茶的程红从中嗅出了商机。于是经过了周密的考察之后，她决定自己创业，她先到品牌奶茶店打工学艺，学习卖奶茶的经验，半年之后，她回到学校，租下了几十平方米的店面，通过精心设计，一家时尚前卫，口味各异的奶茶店开张了。

因为自己就是这个大学毕业的，所以她更了解客户的需求和喜好，她办理学生卡，定期推出“每周特价奶茶”，给予一定幅度的优惠等，她还在店内设计了小茶座，给老师和学生在课后沟通提供一个场所。

就这样，靠着这样一步步往前发展的路线，程红的店已经在校园越来越受欢迎，而且，靠着这种成功的经验，程红还逐渐地往邻校发展。就这样短短一年的时间，当其他同学还在专业和入职的矛盾中选择的时候，程红已经发挥自己的优势，开了好几家奶茶店。当其他同学还在为生计奔波的时候，程红已经是一个为事业而奋斗的老板了。

程红没有像其他同学那样发简历、实习……而是对自己的职业多了一份思考。正是没有了那种“从众心理”，才使得她独辟蹊径，成为了成功的典范。

水煮青蛙效应：要有危机意识

心理扫描

“生于忧患，死于安乐”用现代流行语来解释，就是要有危机意识。忧患不足畏，应该担心的是安乐。未来是不可预测的，而一个人也不是天天走好运的，就是因为这样，我们才要有危机意识，在心理及实际作为上有所准备，好应付突如其来的变化。

19世纪末，美国康乃尔大学曾经做过一个著名的实验：将一只青蛙丢进沸腾的开水里，结果青蛙用尽浑身力气，向外一跃，安然逃脱。半小时后，将那只刚刚死里逃生的青蛙放入同样大小并注满冷水的锅里，只见青蛙悠闲地来回漫游。接着，稍微加势升温，青蛙仍然十分惬意地在水中享受着温暖。当它开始感到水太热以致熬不住而只有奋力跳出才能活命时，一切为时已晚。

实验表明动物有这样的本能，当它受到外界的突然刺激，其神经系统就会迅速做出应激反应，使体内产生超常强力，以达到逃生的自我保护目的；而当它处于舒适环境时，神经系统便因适应而进入麻痹状态，如果这种环境慢慢向其反面转化，动物也会凭借自身的调节功能适应新情况，直到承受极限，水中青蛙可谓困境激励的典范。人也同样如此？正如《孙子》所云“置之死地而后生，投之以亡而后存”。心理学表明：人在困境中，既会不遗余力奋斗发挥潜能，爆发出异乎寻常的勇气，又会自动放弃平素的偏见与隔阂，团结一致共渡难关。如果没有准备，撇开应变不谈，光是心理受到的冲击就会让人手足无措。有危机意识，或许不能把问题解决，但却可以把损害尽量降低。

宋代的李沆在这一方面做得很好，虽然他没有阻止事情的发生，却有先见之明，已经难能可贵了，着实令人佩服。

宋真宗刚刚即位时，对政事勤勉用心，重用了一批贤臣良将。一时朝野上下风气清明，一片欣欣向荣的景象。当时的丞相李沆辅佐年轻的君主，整日忙得连吃饭的时间都没有。有一段日子，因为用兵西北的事情，李沆和参知政事王旦经常要很晚才能吃饭。

一次，已经是深夜了，他们才忙完了当天的决策和军用调度开始吃饭。王旦瞧瞧吃着饭还若有所思的李沆，又瞅瞅眼前的清粥小菜，不禁叹息道："唉，我们什么时候才能过些悠闲无事的日子呢？当年娴熟的书画诗词都因为政事给丢弃了。"正在沉思的李沆听到王旦的抱怨，苦笑一下，微微摇了摇头，对王旦说："王贤弟切不可忘了'生于忧患，死于安乐'的古训。多少有点忧患，可以成为警戒。就算是真有一天四方安宁无事，也未见得朝廷还会风平浪静。我死之后，必定由你来出任宰相。朝廷很快就会同敌人和亲，一旦边境无事，风调雨顺些，恐怕皇上就会逐渐生出奢侈之心了。陛下尚且年轻，多些警戒未尝不是好事。"王旦对这番话却不以为然，觉得李沆是小题大做。

李沆每天都会将各地的水旱灾害、盗贼为乱以及不孝忤逆等事情一一上报给真宗，真宗听了很不高兴。王旦也觉得拿这些小事来让皇上心烦实在是没有必要，更何况还每次都是这些不美之事，总会有违皇上的心意。王旦多次劝李沆，李沆却自有道理，他说："皇上年少，应当让他知道四方艰难，这样才会常怀忧惧之心。要不然，正处在血气方刚年纪的皇上，就很有可能误以为天下太平、四时祥瑞，把心思都用在声色犬马上面，或是大兴土木、兴兵打仗、兴建庙宇。我老了，怕是看不到这些了，这都是你日后要担心的事情啊！"

果然李伉死后，真宗认为同契丹已经讲和，西夏也纳贡称臣，于是便封禅泰山，祭祀汾神，大肆建造宫殿，还搜求亡仕的典籍，没有一天闲暇。还任用了一批善于歌功颂德，根本不用心政务的奸佞小人，如王钦若、丁谓之流。王旦看在眼里，却毫无办法。想要进谏，自己已经和这些佞臣同流合污；想要辞官离去，但皇上着实待自己不薄，就这么撒手不管实在于心不忍。处在这样进退两难的境地里，王旦才知道李伉当初的忧虑是多么有先见之明。

洪水未到先筑堤，豺狼未来先磨刀。如果沉溺于安乐，没有危机意识，一定会意志消沉，懒惰放逸，缺乏警觉性，智慧及能力就会日益减损。当危险急难来临之际，就会措手不及，惊慌失措，不知如何处理。一个人有忧患意识，面对意外灾害时损失会较小。如果没有危机意识，必会遭到不可预测的横逆。只有未雨绸缪，预做准备，才能立足于波涛汹涌的商海，不被打倒。

海洛因效应：人需要自制力

心理扫描

或许我们会有这样的体会：当沸腾的血液在狂热的大脑中奔涌时，控制自己的思想和言语非常困难。但你要清楚，成为自己情绪的奴隶是多么危险和可悲。这不仅对工作与事业来说很危险，甚至还会对一个人的名誉和声望产生非常不利的影响。

海洛因的本质是非永恒的死亡，给人一种没有痛苦的生命的幻觉。服用海洛因后会出现注意力向内心转移，伴随着逃避外部世界离群索居的感情倾向，在这种失去痛苦的状态中个人摆脱一切忧虑、担心。反复使用海洛因后，会产生耐药性，即必须每次增加剂量才能产生同样感觉，造成生理和心理上的依赖，这种应染上某种不良嗜好走火入魔，乃至于成瘾而难以自拔的心理效应，心理学上称之为“海洛因效应”。

自制是一种很重要的意志表现，也是一种很重要的情商。在生活中我们可以发现，能镇定且平静地注视一个人的眼睛，甚至在极端恼怒的情况下，也不会发一丁点儿的脾气，这种人有一种无比强大的力量，而他们往往也是某个领域或者某个区域的王者。

有一个经验老到的间谍，不幸被敌人抓获。在接受审讯的时候，这个间谍装聋作哑，什么也不说。任凭敌人用怎样的方法诱问他，他都决不会为威胁、诱骗的话语所动。等到最后，审问的人也许会故意和气地对他说：“好吧，看起来我从你这里问不出任何东西，你可以走了。”

这个有经验的间谍是怎样做的呢？他会立刻带着微笑，转身走开吗？不会的！没有经验的间谍才会那样做。要是他真是这样做，他的自制力是不够的，这样的人谈不上有经验。有经验的间谍会依旧像毫无知觉似地呆立着不动，仿佛他对于那个审问者的命令完全不曾听懂似的，这样他就胜利了。

原来，审问的人原是想在他自由的时候，来观察他的聋哑是否是真的。一个人在获得自由的时候。常常会抑制不住情绪的反应，但那个间谍听了依然毫无动静，仿佛审问还在进行，使审问者也不得不相信他确是个残疾人了，只好说：“这个人如果不是聋哑的残废，那一定是个疯子！放他出去吧！”

就这样，这个间谍以他特有的自制力，捡回了一条命。

我们从上面的小故事中也可以看出：生活当中有很多时候，在很多事情上，只有具备超强的自制力才能达到目标。

苏格兰人唐纳德·麦克瑞在乡下开了一家小小的杂货店，储存了各种货物。平时他的小店窗户灰暗，布满蜘蛛网，生意不太好。

他向伦敦一家公司定了40磅靛青，这足以让他卖上几年的了，结果，他的订单在客户那里被写错了，变成了40吨靛青。公司知道唐纳德信誉很好，于是就发了40吨靛青给他。

面对这40吨靛青，唐纳德惊呆了。整整一个星期，他头昏脑胀地走来走去，一直在四处询问该怎么办，他想尽了靛青可能有的所有用法。但是，老天啊，有40吨之多啊！

有一天，一位衣衫整洁的推销员坐着两匹马拉的大马车从伦敦来到乡下，找到了唐纳德，对他说，伦敦的公司知道是他们自己犯了个错误，他就是被派来处理此事的。他们可以运回已经发出的靛青，并且将付给唐纳德运费。唐纳德心想：公司如果没有什么益处的话，是不会特地派人来处理此事的。于是，唐纳德坚持说，并没有弄错。

这个推销员又说："那我们去找个小酒店，边喝边谈吧。"

唐纳德控制住了他对美酒的喜爱，心想现在必须保持清醒的头脑，所以就没有答应。那个推销员用了各种方法，试图与唐纳德谈谈，但是唐纳德都避开了，还对那人说："你如果以为苏格兰人不知道自己在做什么的话，那就大错特错了。"

情急之下，推销员说出了真相："事实上，我们得到了一个大得多的靛青订单。我们的现货不够。为此，我们可以给你500英镑的奖金来拿回发给你的靛青，另外运费仍然由我们承担。"

唐纳德摇头，他想看看对方的底线到底是多少，推销员提出的另一个价钱，也被唐纳德拒绝了，最后这个推销员完全失去了理智，把公司给他的指令和盘托出，说："喂，你这顽固的老头，5000英镑，我最多能给这个价。"唐纳德平静地接受了。

原来，当地政府的军队要用蓝色颜料来染军服，因此迫切需要购买大量的靛青。唐纳德因为非凡的自制力而发了一笔财。

自制力强的人能理智地控制自己的欲望，分清轻重缓急，然后再去满足那些社会要求和个人身心发展所必需的欲望，对不正当的欲望则坚决予以抛弃。自制力强的人处于危险和紧张状态时，不会轻易被激情和冲动所支配，不会意气用事，能够保持镇定，克制内心的恐惧和紧张，做到临危不惧、有条不紊。你是否经常因无法兑现自己的承诺而愧疚、自责、沮丧、后悔？以上问题如果你的答案为“是”的话，那么，就说明你应该提高自己的自制力了。

第九辑

做精明的主导者

与人合作的时候，你可能是主导者，是带头人，只有当好带头人，才能做好事情。比如在企业和团队管理中，会涉及驭人管人的问题，能不能轻松地管好人、用好人，充分体现主导者的管理能力和办事效果。那么，如何做好主导者、带头人呢？

狮羊效应：发挥带头作用

心理扫描

“管理才能”的最佳定义是：“管理才能就是影响力。”真正优秀的主导者能通过自己的榜样作用影响别人，使别人成为追随者，跟自己一起干，同时鼓舞被主导者朝着工作的预定目标迈进，给他们追求成功的力量。

“狮羊效应”源于拿破仑的一句家喻户晓的名言：一只狮子带领的九十九只绵羊可以打败一只绵羊带领的九十九只狮子。这句名言说明了主导者的重要性。

主导者的能力至关重要，直接决定其能否起领头作用。一个不注重自己能力训练的主导者，充其量只是徒有虚名而已。虚名是什么？就是空坐其位。相反，主导者只要在自身能力上下工夫，那么他就会全面地提高自己的管理水平，从而产生榜样的力量。因此，领头能力对于主导者来说，是一把检验其成败的重要标尺，真可谓“火车跑得快，全靠车头带”。

主导者必须有勇敢、俭朴、奋斗、任劳任怨和卓越的进取意识。正因为你有着这些方面的优势，才有可能在这个崇尚竞争和拼搏奋斗的社会中确立自己的位置。如果你仍想沿着向上的方向继续进取，而不是保业守成，那么你仍需坚定地把守着自己的这些优点，防止它们被金钱、被安逸舒适的享乐生活、被追求攀比平衡的心态所埋没掉。

也就是说，在创业时，要身先士卒，在事业飞黄腾达时，保持“布衣风范”，这是主导者成功的另一要素。

世界石油大王洛克菲勒外出旅行及洽谈生意时，总是在住宿问题上与服务员讨价还价，最终选定最便宜的房间住进去。服务员都感到很奇怪，有一次别人问他：“天啊，洛克菲勒先生，你为什么要选择这样的房间呢？你的孩子们每次来我们这里可都是选择最昂贵、最舒适的房间啊！”“这一点也不奇怪，他们之所以能够这样做，是因为他们的父亲是个百万富翁，而我的父亲却不是。”洛克菲勒平静地回答。

约旦总统阿卜杜拉·侯赛因，是由一名普通士兵逐级提升上去的。虽然贵为总统，但他经常独自一人在街上漫步，也会随意敲开一家居民的大门，和既感到惊愕却又满怀喜悦的一家人共进一顿非常简单的午餐或晚餐。

主导者常想在自己的地位提升之后改变一下，但这种希望往往会以失败而告终。你的优势不在于你的地位、财势，而在于你的一种内在的独特品质。主导者用影响力和带头作用赢得别人的追随是主导者必须要做的事情。具体应做到以下两点：

1. 要学会表现自己的才能

有的主导者会说：“我数年埋头苦干，兢兢业业，却默默无闻”，“现在是干的人不香，说的人飘香”。如果你尝到这种苦头的话，证明你是缺乏做的艺术和说的艺术。靠别人发现，终归是被动的。靠自己积极地表现，才是主动的。成功的主导者往往善于积极地表现自己最高的才能，以及各种各样的处理问题的方式。这样不但可以表现自己，也可参与吸收别人的经验，同时获得谦虚的美誉。主导者一定要学会表现自己，你要想成为一名出色的一呼百应的管理者，不妨这样做：

在适当的场合、适当的时候，以适当的方式向同事和下属表现你的业绩，这是很有必要的。因为一个没有才能的管理者，只能是庸官，是绝对不能赢得人心的。

2. 最大限度地表现自己的美德

人是复杂的、多面的，既有长处，也有短处。要扬长避短，最大限度地表现自己的美德。聪明人能够使自己的美德像金子一样闪闪发光，具有永恒的魅力。最大限度地表现了自己的才能和美德，是成功的一大秘诀。如何最大限度地表现自己的美德呢？请记住“尽善尽美”四个字。事情无大小，每做一件事，总要竭尽全力求其完美，这是成功人士的一种标记。

主导者都想得到一个较高的位置，找到一个千载难逢的机会，使自己有“用武之地”。然而，有些人却往往容易轻视自己简单的工作，看不起自己平凡的位置与处理渺小的日常事务。而成功的主导者即使在平凡的位置上工作也能做得十分出色，自然也就能更多地吸引别人的注意。成功的主导者每做一件事，都不满足于“还可以”、“差不多”，而是力求做到尽善尽美，问心无愧，任何工作都经得起“检查”。管理者的美德，就是在一件件小事中闪闪发光的。

主导者表现自己的美德，还有一个度的问题。最大限度地表现自己而又做得恰如其分，这既是一种能力也是一门艺术，它往往体现一个人修养水平的高低。

华盛顿合作定律：合作的负效应

心理扫描

我们要注意：在一起干活的人越多，偷懒的现象越严重。因为单枪匹马地独立干活，干得好或干得差都由自己负责，一般都会竭尽全力。可是当集体一起干活时，由于责任分解到大家身上，每个人的责任相对小了，于是自然而然就会出现偷懒现象。

在拉绳实验中，先把被试者分成 2 人组、3 人组和 8 人组，要求各组用尽全力拉绳；然后，要求这些被试者单独用尽全力拉绳。不管是分组拉绳还是单独拉绳，都用灵敏度很高的测力器分别测量各组和每个被试者的拉力，并进行比较。测量和比较的结果是，2 人组的拉力只是这两人单独拉绳时拉力总和的 95%，3 人组的拉力只是这 3 人单独拉绳时拉力总和的 85%，而 8 人组的拉力则降到这 8 个人单独拉绳时拉力总和的 49%。

拉绳实验中出现“1+1 < 2”的情况说明：有人偷懒！而且在一起干活的人越多，偷懒的现象越严重。众所周知，人有与生俱来的惰性，单枪匹马地独立干活，干得好或干得差都由自己负责，一般都会竭尽全力。可是当集体一起干活时，由于责任分解到大家身上，每个人的责任相对小了，于是自然而然就会出现偷懒现象。当责任分解到越多人身上，每个人的责任相对就越小，偷懒现象就越严重。社会心理学家研究认为，这是集体干活时存在的一个普遍现象，并将其概括

为“社会浪费”。

华盛顿合作定律正是从这个拉绳试验而来。一个人敷衍了事，两个人互相推诿，三个人则永无成事之日，这就是华盛顿合作定律。这一定律告诉我们：人与人的合作不是人力的简单相加，而是要复杂和微妙得多。在人与人的合作中，假定每一个人的能力都为 1，那么 10 个人的合作结果有时比 10 大得多，有时甚至比 1 还要小。因为人不是静止的物体，而更像方向不同的能量，相互推动时自然事半功倍，相互抵触时则一事无成。

某知名管理顾问接到 H 公司李总的求助电话之后，犹豫了很久。李总是他的好友，自然不便推托。H 公司的现状确实很棘手，组织结构、管理制度、人力资源、市场营销等方面存在一大堆的问题。

这位顾问心想：“该从何处入手呢？”因为他与 H 公司接触过几次，了解到公司决策层的做法还是“摸着石头过河”。

所以，他提议首先改变操作层面上的混乱状态。于是，他让所有的员工玩一种游戏。首先，把在场的员工分成两组，然后让 A 组的每个成员从一叠扑克牌中选取最好看的两张；请 B 组的每人选取两张红桃，并对点数作了明确的要求。最后，两组人员把各自的牌都亮了出来，出现了下面的结果：

A 组：黑桃 2、方块 A、黑桃 8、梅花 Q、红桃 3……

B 组：红桃 A、红桃 K、红桃 Q、红桃 J 、红桃 10……

“发现问题了吗？”他问李总。

李总仍然迷惑不解，要求解释。

“两组的结果是完全不同的，A 组是一副杂牌，B 组却是一手红桃同花顺。A 组的人都按照各自不同的审美观来选牌，因为我对他们没有明确的指令。但很显然，他们每个人的做法都是一种个人行为。个人行为与个人行为混合在一起被叫作‘乌合之众’。看看 B 组，清一色的同花顺，这才是组织行为。”

这时，李总轻轻“喔”了一声。

他继续说：“你能拿一副杂牌去打败对手的同花顺吗？当然不能。恕我直言，如果公司的管理现状不及时改变的话，恐怕会印证‘以乱攻治者亡’这句哲言。”现在H公司处于A组的混乱状态，这不是员工的过错，而是管理层有问题。如果一个企业想要得到一副“同花顺”，必须达到两个条件：第一，决策层一定要思路清晰；第二，要给员工发出明确的指令。否则，员工们要么茫然失措，要么自行其是。

华盛顿合作定律说明了一个普遍存在的“责任分散”现象。对某一件事来说，如果是单个个体被要求单独完成任务，责任感就会很强，会做出积极的反应。但如果是要求一个群体共同完成任务，群体中的每个个体的责任感就会很弱，面对困难或遇到责任往往会退缩。因为前者独立承担责任，后者期望别人多承担点儿责任。“责任分散”的实质就是人多不负责，责任不落实。

鱼缸法则：把自身置于公众的监督之下

心理扫描

增加各项工作的透明度，使主导者的行为完全置于下属的监督之下，就能使自己和被主导者很好地融合在一起，并有效地防止主导者滥用权力，从而强化主导者的自我约束机制。

著名的“鱼缸”法则说的是：鱼缸是用玻璃做的，透明度很高，不论从哪个角度观察，里面的情况都能看得一清二楚。让员工监督上司，一般人肯定觉得难于理解。“我是管他的，他反倒反过来管我，到底是谁管谁？”大多数人会有这样的想法。其实，这种想法是错误的，主导者只有将把自身置于公众的监督之下，才能有效地防止主导者滥用权力，从而强化主导者的自我约束机制。

联邦快递，一家集邮政快递、物流等为一体的跨国集团公司。弗雷德·史密斯是其中的一任 CEO。在他 20 多年的经营之中，联邦快递已变成了高科技、集约化、全球化的国际运输集团。在对待员工方面，他有一个独特的做法，就是让员工监督经理。

史密斯对待员工的措施之一是让每个员工都受到公平待遇，为此联邦快递的管理者们必须经过严格的训练并受到密切的监督。每一位管理者上任之后，每年都要接受老板和工人们的评估。如果一位管理人员连续几年所受的评估都低于一个预定的数值，那么等待他的只能是被解雇。

联邦快递员工在每年都会收到包含 29 个问题的调查问卷。前 10 题是与个人有关的工作团队气氛，如“主管尊重我吗？”接下来的问题包括调查直属上司的管理态度，以及关于公司的一般情况。最后一题则问公司去年的表现。将调查结果按不同团队做成一览表，并列出各主管的成绩。前 10 题的综合得分则形成领导指标，该指标关系到 300 位高级主管的红利，而红利通常为资深主管底薪的 40%。若领导指标没有达到预定目标，则拿不到红利。所以，这项规定对主管而言，意味着他们要与部下融洽且善待他们；对员工而言，意味着他们可能影响公司。

联邦快递的主管收到自己以及其他部门主管的成绩一览表后，便召开部门会议。其目的在于让团队（主管和部属）探究问题并提出改进设想，作为下年度的主要工作计划和目标。联邦快递位于孟菲斯的收款部门，在 5 年前的调查结果中，领导指标只得了 70 分，远比预期低，却一直没有改善行动，员工抱怨年年情况一样，而且没有人聆听他们说话。直到 3 年前部门经理汉森注意到，比她低两级的员工被问道：“我的上司供应我们所需的支援吗？”一题中，她只得了 14 分。

汉森立刻召开会议，深入探讨。她回忆说：“他们直谏我过去两年的不当行为。老实说，我怕得要死，因为他们现在要找我的分数。我足足听训 7 个小时”。汉森发誓改变情况，部属也允诺帮忙。她开始常在部门内走动，听取员工心声。在她之下的各级中层干部也和自己的团队开会，并且草拟早上 5 点到晚上 10 点之间的弹性工作时间实施办法。另外还有一项比较特别的办法，就是让因小孩生病而临时不能上班的员工，能在日后弥补意外的旷工时间。这些办法实施后，不仅提高了士气，也提高了生产力。联邦快递估计，由于实行弹性上班时间所导致的减少加班和节省人力，在两年内为公司省下 200 万美元。而且，收款部门员工还发展出一套统计评比系统，以更科学与精确的方法，公平评价员工的表现。

总之，事情有了戏剧性的发展。收款部门的领导指标在 3 年内增加至 90 分！不仅如此，联邦快递的经理在员工的督促下按工作要求做出了适当调整，并因此创造了一流的业绩。

主导者要意识到，公众监督主导者只是对主导者的行为进行监督，使其行使权力有利于工作进程，并非要干涉主导者的具体事务。“鱼缸法则”在管理中的运用，可以充分地监督主导者，并使上下形成合力，更有利于主导者工作的完成。

马斯洛需求层次：满足对方的心理需求

心理扫描

生理需求是人类最基本的需求和欲望。随着物质的进步和人们生活水平的提高，人类不会安于低层的需求，较低层的需求被满足之后，就会往高处发展，也就是说，人在满足了生存、安全的需求之后，就渴望被尊重。

1949年，37岁的大卫·帕卡德参加了一次美国商界领袖们的聚会。与会者就如何追逐公司利润侃侃而谈，但帕卡德不以为然，他在发言中说："一家公司有比为股东挣钱更崇高的责任，我们应该对员工负责，应该承认他们的尊严。"帕卡德在造就硅谷精神方面的贡献，恐怕超过了任何CEO。他的以人为本的理念，影响至深至远。正是创始人帕卡德这种以人为本的管理理念成为了惠普之道的核心价值，也缔造出了惠普这个产业帝国。

公司的目的是赢利，但是帕卡德之所以说"应该有比为股东挣钱更崇高的责任"，这正是基于人的需求层次不同而说的。人的需求层次理论是美国心理学家马斯洛在《人类动机的理论》一书中提出的。他认为人的需求分为从低到高逐渐发展的五个层次：生理需求、安全需求、社会需求、自尊需求、自我实现需求。

将马斯洛的理论运用在管理上，就是人们通常所说的人本管理。主导者对被主导者的物质奖励往往是最低层次的。人们的要求会不断提高，会更多地向求得社会认同和尊重这个方向努力。反映在企业管理理论上，就是从泰勒的科学管理之后，一个再也没有改变的主题，那就是对人的尊重。

IBM创始人老沃森一生中有一半时间在旅行，一天工作16小时，几乎每个晚上都参加员工俱乐部举办的仪式和庆典。他乐于同员工交谈，当然不是以一个好奇的上司自居，更多的是以一位老朋友的身份出现，这是他那个时代人写下的记录。但实际上今天我们还可以听到关于沃森先生的故事，而且这些故事已经成为这个卓越企业的文化组成部分。如“不关门”制度、俱乐部、简单化、布道、狂欢以及培训等。他的继任者小托马斯·沃森在《商业及其信念》一书中讲道：“IBM经营哲学的大部分都集中在其三个简单的信条当中，我要从我认为最重要的那一条说起，那就是，我们对每个人都要尊重。尽管这只是一个很简单的理念，但IBM为了实现这条理念，确实耗费了大部分的管理时间。我们在此投入了比做其他任何事情都要多的精力。实际上，这一信条在我父亲的脑子里就已经根深蒂固了。”小沃森又说：“我们几乎每一种鼓励措施都是用来激发人们的热情的，我们早先强调人际关系并非受利他主义的影响，而是出于一条简单的信条——如果我们尊重员工，而且帮助他们自尊，这将会使公司的利润实现最大化。”

在组织中，已经没有比尊重个人更为普遍和明确的价值观了。它要求我们在主导做一件事时，应该进行一种人性的回归，实行以尊重被主导者为核心的人本管理。

跳蚤效应：给予正面的、积极的激励

心理扫描

古语说：得人心者得天下！主导者在管理中多点人情味，这更能赢得被主导者的认同感和忠诚度。所以，作为一个聪明的主导者，在管理别人的时候应以人为本。

生物学家做过一个试验：把跳蚤随意向地上一抛，它能从地面上跳起一米多高。但是如果在一米高的地方放个盖子，跳蚤碰几次壁之后，它就只能跳起 90 厘米的高度，直至结束生命，它再也不会跳过一米的高度。

这种“跳蚤效应”说明一个道理：挫折唤起的不总是勇气，潜能也不是自然而然就可以发挥出来的，没有正面的、积极的激励，动物也好，人也好，也许就会“知难而退”，逐渐丧失进取和超越的动力。人在成长阶段，对待外界评价比较敏感，如果总是被一味地怀疑、指责、批评，就会觉得四处碰壁，难觅知音，创造的热情就会冷却，上进的勇气就会消失。

拿破仑·希尔在一家杂志社工作，作为外联部的主管，他是一个难得的好上司。

杂志社给他配备了好几个助手，拿破仑·希尔就像朋友一样，工作之余，和他们拉家常，一起聚聚餐是常有的事。

一些助手遇到工作上的困难时，都能在第一时间找到拿破仑·希尔解决问题。即使需要一些私人帮助，他一般都不会拒绝。有一次，一个助手为了赶做一份采访计划，接连要加两晚上班，希尔看到后，晚上就留了下来，帮这个助手把采访计划做好。

因为希尔为人低调，深得助手们喜欢。之后，杂志社的老板罗伯特·泰勒就安排希尔采访各界成功人士，撰写关于他们成功经历的故事。希尔的人生从此有了崭新的开始。

作为一个主导者，要想让整个团队发挥更大的效率，就不能高高在上。下属都是有感情、有自尊的人，你善待他们，他们才会善待你。假如你是一个领导，下属通常都会服从你，但这并不代表你就赢得了人心。相反，只有保持谦卑心理主导事务，大家才能够认同你。所以拿破仑·希尔说："对人的管理，其实就是对人心理的管理。领导者要学会将死板的规章制度变得更温馨些。"

米莉被总公司调到一个分公司当了部门主管，没想到到公司不久，下属们私下里就都叫她"铁腕主管"。

原来，在公司中，她总是给人一种高高在上的感觉，因为在她的意识之中，上司就应该凌驾于下属之上，保持一种高度和威严，否则下属会利用你的温柔和仁慈，不听从你的安排，难以管理。

但她不知道，她的下属一方面佩服她有能力、做事干练，另一方面又讨厌她做事的冷硬和霸道，如果工作上没有什么事情，很少有同事和她走得很近。

每周一例会，米莉会翻出她的一个小本本——里面记的都是上周部门员工的"错误"，比如谁迟到了，谁的业绩下降了，谁在办公室聊天了，她都会一一指出来加以批评指责，"错误"稍大一些，还要写检讨。米莉对下属总是这样严加管教。

米莉脾气很大。一次，下属库雷没有及时完成策划方案，米莉大发雷霆，将库雷骂得狗血喷头，随后责令库雷晚上加了一夜的班赶出方案。还有一次，公司新来的一个女孩在策划方案上出了一个小错误，米莉又责骂开来，直到把那个女孩骂哭了，跑出了办公室。

在米莉的严格管理下，因为部门人心不齐，还是导致一些部门工作无法及时完成，部门的业绩一直处在下降的状态。公司为了扭转这种局面，就给部门配了一个副主管马尼尼，希望能强化部门管理。

马尼尼的工作能力也很强，更重要的是，在工作上总是带着一种女性特有的温柔，对于一些工作上的小错误从不责骂下属，而是耐心地纠正下属的错误。要是哪位下属不能按时完成工作，她都会帮助他完成。

同事们渐渐喜欢上了这位新来的副主管，很快，部门的业绩也提升起来了。

年终考核的时候，米莉被所有员工投了不信任票，按照公司的竞争机制，副主管马尼尼取代了她的位置。米莉则被公司定为“缺乏管理者该有的情商”而调离了管理层。

在上述的案例中，因为米莉对下属总是盛气凌人、恃强凌弱，员工在心理上产生了厌恶的情绪，最后只能落个失败的境地。所以，作为团队的主导者，不知道以人为本，就等于拿这一把锋利的“双刃剑”，不仅会伤着别人，也会伤着自己。

主导者推行人性化的管理，关键是如何在制度中“柔情”。管理制度既有严格性，又有人性化，体现了教育为主、处罚为辅的人本原则。将人性化管理融入管理制度中，才能更好地激发被主导者的潜在动力。

帕金森定律：用比自己能力强的人

心理扫描

作为主导者，不仅要有相马的慧眼，赛马的能耐，更要有容人之量，敢于启用比自己强的人。当然这更需要制度或机制的支持，只有这样，才能做到发展的良性循环，走出帕金森定律设下的怪圈。

英国历史学博士，曾在哈佛大学担任教授的诺斯古德·帕金森于1957年在马来西亚一个海滨度假时，对某一社会现象有所醒悟，后来他将自己思考得出的结论发表在伦敦《经济学人》期刊上，从而一举成名天下晓。这一思考结果就是著名的帕金森定律，该定律指出，一个不称职的官员，可以有三条出路：第一是申请退位，把位子让给能干的人；第二是让一位能干的人来协助自己工作；第三是任用两个水平比自己更低的人当助手。这第一条路是万万走不得，因为那样会丧失许多权利；第二条路也不能走，因为那个能干的人会成为自己的对手；看来只有第三条路最适宜。于是，两个平庸的助手分担了他的工作，他自己则高高在上发号施令，他们不会对自己的权利构成威胁。两个助手既然无能，他们就上行下效，再为自己找两个更加无能的助手。如此类推，就形成了一个机构臃肿，人浮于事，效率低下的领导体系。帕金森定律精妙地阐述了机构人员膨胀的原因及其后果。

在现实中，很多主导者看到被主导者比自己能力强、比自己聪明、比自己有魄力，就担心他们抢了自己的主导位置，因而不敢给予充分信任，这是最愚蠢的。拿破仑·希尔说："不信任自己下属的人，不敢于重用下属的人，他的事业迟早要垮台。”他还举例说：

“卡内基本人对钢铁制造、生产的工艺流程，照他自己的话说，知道的并不多。但他手下有300名精兵强将在这方面都比他懂，他的卓越才干就是善于用人、用好人。卡内基专门笼络能力比自己强的人聚集在自己周围，是他事业获得成功，登上美国钢铁大王宝座的重要原因。反之，被誉为美国汽车大王的亨利·福特及孙子福特三世，在其事业发展的顶峰，变得刚愎自用，嫉贤妒能，绝对不允许下属‘威高震主’，一段时间内，他不顾一切将不顺眼的、但对公司的发展立下汗马功劳的人解职。正是这一套做法，导致其事业大滑坡。到最后，63岁的福特三世被迫忍痛割爱，宣布辞去福特汽车公司董事局主席的职务，把掌管了35年的业务经营大权让给福特家族以外的菲利普·卡德威尔，由他组成顾问团，采用专家集团的领导体制来管理。这一举措，彻底宣告了‘万年福特王朝’的结束。”

卡内基的成功和福特三世的败绩，完全在于他们敢不敢用人。古今中外的很多事例也都说明，对下属人员处心积虑、处处干涉的主导者是难以留住人才的。有创意、有能力的人绝不希望主导者做他们的“婆婆”。尤其是一些知识分子和技术人员特别希望人们对其尊重和信任，对他们放手放心，充分信任，委以重任。只有这样，才能有效地调动他们的工作积极性，激发他们内在的创造性。